ISBN 978-3-662-27942-7 ISBN 978-3-662-29450-5 (eBook)
DOI 10.1007/978-3-662-29450-5

Zur Differentialgeometrie von Flächen im n-dimensionalen euklidischen Raum. Adjungierte Extremalflächen.

Von

H. Gericke.

Gliederung.

III. Relativgeometrie bezüglich $\mathfrak{e}$.

IV.

V. Die Legendresche Bedingung und die Krümmung von $\mathfrak{E}(u, v)$.

Einleitung.

Zwischen zwei adjungierten Minimalflächen $\mathfrak{x}(u^1, u^2)$ und $\bar{\mathfrak{x}}(u^1, u^2)$ gelten folgende Beziehungen[1]: $\mathfrak{x}$ und $\bar{\mathfrak{x}}$ sind aufeinander längentreu abgebildet; die Tangentenebenen in entsprechenden Punkten sind parallel; entsprechende Linienelemente stehen aufeinander senkrecht; den Krümmungslinien von $\mathfrak{x}$ entsprechen die Asymptotenlinien von $\bar{\mathfrak{x}}$ und umgekehrt. — Wir schreiben noch das Integral hin, das von den Minimalflächen stationär gemacht wird: Ist $\mathfrak{x}_i = \frac{\partial \mathfrak{x}}{\partial u^i}$, $\mathfrak{x}_1 \times \mathfrak{x}_2 = \mathfrak{p}$, ξ der Einheitsvektor der Flächennormalen, so ist dies Integral

$$(V_0) \qquad J_0 = \iint \xi \mathfrak{p} \, du^1 \, du^2.$$

Haar [1] und Berwald [2] [2]) haben die Theorie der adjungierten Minimalflächen ausgedehnt auf die Extremalflächen von Doppelintegralproblemen, die nur von den ersten Ableitungen der gesuchten Funktionen abhängen. Es zeigt sich, daß in diesem Falle, wenn man Unabhängigkeit von der Parameterwahl fordert, der Integrand nur von $\mathfrak{p} = \mathfrak{x}_1 \times \mathfrak{x}_2$, d. h. vom Flächenelement abhängt:

$$(V) \qquad J = \iint F(\mathfrak{p}) \, du^1 \, du^2,$$

und $F(\mathfrak{p})$ in $\mathfrak{p}$ positiv homogen erster Ordnung ist: $F(k\mathfrak{p}) = k \cdot F(\mathfrak{p})$ für $k > 0$.

---

[1]) Siehe z. B. Blaschke, Lehrbuch der Differentialgeometrie I, § 118, 2, S. 259 (3. Aufl.)

[2]) Zahlen in eckigen Klammern verweisen auf das Literaturverzeichnis am Schluß der Arbeit.

Es ist eine *Indikatrixfläche* $\mathfrak{y}$ durch $F(\mathfrak{y}) = 1$ definiert und eine *Figuratrixfläche* $\mathfrak{e}$ als polarreziprok zu $\mathfrak{y}$ bezüglich der Einheitskugel. F kann dann geschrieben werden

$$F = \mathfrak{e}\mathfrak{p}.$$

Gegenüber (V_0) ist die Einheitskugel ξ ersetzt durch die Fläche $\mathfrak{e}$, die im folgenden als Eichfläche einer Relativgeometrie im Sinne von W. Süss [3] benutzt wird. Die Extremalflächen sind durch das Verschwinden der mittleren Relativkrümmung gekennzeichnet.

Man ordnet nun dem Variationsproblem (V) ein Variationsproblem ($\overline{V}$) zu, das man zu (V) *adjungiert* nennt, und das man dadurch definiert, daß die Figuratrix von (V) die Indikatrix von ($\overline{V}$) ist und umgekehrt. Beim Problem der Minimalflächen ist die Indikatrix die Einheitskugel, fällt also mit der Figuratrix zusammen; man sagt, das Problem ist selbstadjungiert.

Zu jeder Extremalfläche $\mathfrak{x}$ von (V) gibt es eine nur durch Quadraturen bestimmbare Fläche $\bar{\mathfrak{x}}$, die *adjungierte Extremalfläche* zu $\mathfrak{x}$ heißt und folgende Eigenschaften hat: $\bar{\mathfrak{x}}$ ist Extremalfläche von ($\overline{V}$). Zwischen $\mathfrak{x}$ und $\bar{\mathfrak{x}}$ gibt es eine Zuordnung derart, daß entsprechende Linienelemente aufeinander senkrecht stehen und den Asymptotenlinien von $\bar{\mathfrak{x}}$ die Relativkrümmungslinien von $\mathfrak{x}$ bezüglich $\mathfrak{e}$ entsprechen; diese sind dadurch definiert, daß längs ihnen die Vektoren $\mathfrak{e}$ Torsen bilden. Den Asymptotenlinien von $\mathfrak{x}$ entsprechen die Relativkrümmungslinien von $\bar{\mathfrak{x}}$ bezüglich $\mathfrak{y}$. Es läßt sich auf $\mathfrak{x}$ und $\bar{\mathfrak{x}}$ je eine Maßbestimmung einführen

$$dS^2 = G_{ik}\, du^i\, du^k \qquad (i, k = 1, 2; \text{ über gleiche}$$
$$d\overline{S}^2 = \overline{G}_{ik}\, du^i\, du^k \qquad \text{Zeiger ist zu summieren}),$$

derart, daß 1. die Abbildung von $\mathfrak{x}$ auf $\bar{\mathfrak{x}}$ im Sinne dieser Maßbestimmung längentreu ist, 2. die Maßbestimmung beim Problem der Minimalflächen das gewöhnliche Bogenelement liefert, 3. die Oberfläche bei dieser Maßbestimmung gerade das Variationsintegral ergibt.

Diese Theorie ist von Haar und Berwald für den dreidimensionalen euklidischen Raum (E_3) durchgeführt worden. Koschmieder [4] hat für den Fall von Doppelintegralen im E_4 das adjungierte Variationsproblem, die adjungierte Extremalfläche und die Maßbestimmungen angegeben. *Ziel der vorliegenden Arbeit* ist, auch den Rest der oben skizzierten Theorie adjungierter Extremalflächen auf den E_4 bzw. E_n zu übertragen. Dazu gehört die Relativgeometrie solcher Flächen, das Entsprechen von Kurvenscharen, dann aber auch ein Satz von Blaschke [37], von dem sich wenigstens ein Teil übertragen läßt, nämlich daß die Gaußsche Krümmung der Figuratrix positiv ist, wenn für das Variationsproblem ein Analogon der Legendreschen Bedingung erfüllt ist.

Als Rechenmethode verwende ich die Grassmannsche Ausdehnungslehre [5]. Ich bevorzuge im Gegensatz zu der meist benutzten Schreibweise der Tensorrechnung eine vielleicht ältere, die mehr der Vektorrechnung angeglichen ist, weil mir scheint, daß sich dabei das Vektorprodukt, das in dieser Arbeit viel benutzt wird, einfach und verhältnismäßig anschaulich handhaben läßt. Die für unseren Zweck nötigen Definitionen und Rechenregeln stelle ich im 1. Kapitel zusammen. Ich halte mich dabei an den Enzyklopädie-Artikel von Lotze [6]. Erreicht wird, daß sich die Entwicklungen von Koschmieder formal ähnlich denen von Berwald schreiben lassen und zugleich allgemein für Flächen des E_n gelten. (Warum eine Verallgemeinerung auf mehr als zweidimensionale Flächen nicht ohne weiteres möglich ist, sagt Fußnote 7, S. 429.)

Um Beziehungen zwischen Kurvenscharen auf $\mathfrak{x}$ und $\bar{\mathfrak{x}}$ zu ermitteln, muß man zunächst *geeignete Kurvenscharen* festlegen. *Asymptotenlinien* können im E_3 dadurch definiert werden, daß ihre Schmiegebene jeweils mit der Tangentenebene der Fläche zusammenfällt. Wörtliche Übertragung dieser Definition auf Flächen des E_n liefert Kurven, die ich Haupttangentenkurven nenne (da der Ausdruck Asymptotenlinien im Anschluß an Kommerell [18, 19] in anderem Sinne gebraucht wird), die aber nicht auf allen Flächen existieren, sondern nur auf solchen, die einer bestimmten Differentialgleichung genügen (vgl. Lane [33], § 27, S. 124ff.). *Zwei* Scharen von Haupttangentenkurven existieren sogar nur auf Flächen, die auf Flächen des E_3 längentreu abbildbar sind. Ob es möglich ist, Variationsprobleme zu finden und zu kennzeichnen, auf deren Extremalflächen Haupttangentenkurven existieren, ist eine offene Frage.

Krümmungslinien können auf Flächen des E_3 dadurch definiert werden, daß längs ihnen die Normalen Torsen bilden. Eine Fläche des E_n besitzt in jedem Punkte eine $(n-2)$-dimensionale Normalebene (kurz: Normal-E_{n-2}). Eine einparametrige Schar solcher E_{n-2} wird man eine Torse nennen, wenn die Tangenten-E_{n-1} an die erzeugte Hyperfläche längs jeder erzeugenden E_{n-2} konstante Stellung hat. Man kann dann feststellen, daß die so definierten Torsen auf die E_{n-1} abwickelbar sind.

Die Normal-E_{n-2} ist gegeben durch einen $(n-2)$-Vektor $\mathfrak{E}^*$, das ist eine Größe $(n-2)$-ter Stufe im Grassmannschen Sinne. Man erhält den Satz: Den Kurven von $\mathfrak{x}$, längs denen die $\mathfrak{E}^*$ Torsen bilden, also den $\mathfrak{E}^*$-Krümmungslinien von $\mathfrak{x}$, entsprechen die Haupttangentenkurven von $\bar{\mathfrak{x}}$; nur gibt es diese Kurven nicht immer.

Bei der Aufstellung der Gleichungen für $\mathfrak{E}^*$-Krümmungslinien gelangt man fast von selbst dazu, Kurven zu betrachten, die nur einen Teil dieser Gleichungen erfüllen, deren geometrische Bedeutung dann die folgende ist: In jedem Flächenpunkt greife man innerhalb der E_{n-2} $\mathfrak{E}^*$ einen Vektor $\mathfrak{e}$

heraus; er möge genügend oft differenzierbar vom Flächenpunkt abhängen – wie ich überhaupt die nötigen Differenzierbarkeitseigenschaften stets voraussetze. Als $\mathfrak{e}$-Krümmungslinien bezeichne man solche Kurven, längs denen die von $\mathfrak{e}$ gebildete Regelfläche auf eine Fläche des E_{n-1} abwickelbar ist. Diesen Kurven entsprechen dann auf der adjungierten Fläche solche, deren Schmiegebene zwar nicht in der jeweiligen Tangentenebene liegt, aber in einem E_{n-1}, der die Tangentenebene enthält. Die Schmiegebene unterliegt also einer Beschränkung, aber nicht einer so scharfen, wie sie für die oben definierten Haupttangentenkurven galt. Sie ist vielmehr so schwach, daß sie eine quadratische Gleichung für die Richtungen in einem Punkte darstellt, so daß also im allgemeinen zwei solche Kurven durch jeden Flächenpunkt gehen; und sie geht im Falle $n = 3$ in die Bedingung für Asymptotenlinien über.

Die hier angedeuteten Begriffsbildungen der (gewöhnlichen) Flächentheorie im E_n sind im 2. Kapitel ausgeführt (Literatur hierzu [III.]), die der Relativgeometrie im Zusammenhang mit dem Variationsproblem im 3. Kapitel. Den Schluß bildet das obengenannte Analogon eines Satzes von Blaschke.

1. Kapitel.

Das Rechnen mit Graßmannschen Größen.

In diesem Kapitel werden die Grundgesetze des Rechnens mit „extensiven Größen“, soweit sie im folgenden gebraucht werden, im Anschluß an den Enzyklopädie-Artikel von Lotze [6] kurz zusammengestellt. Weitere Literatur s. unter [II.].

Ein *Vektor* $\mathfrak{a}$ des n-dimensionalen Euklidischen Raumes E_n ist definiert mittels eines Systems von n orthogonalen Einheitsvektoren (Grundvektoren) $\mathfrak{e}_1, \ldots, \mathfrak{e}_n : \mathfrak{a} = \sum_{\nu=1}^{n} a_\nu \mathfrak{e}_\nu$. Bei Einführung neuer orthogonaler Grundvektoren transformieren sich die a_ν kontragredient. Addition von Vektoren und Multiplikation mit Skalaren werden in bekannter Weise erklärt.

Das äußere Produkt oder Vektorprodukt ($\times$) von $r \leqq n$ Vektoren ergibt eine „Größe r-ter Stufe“; es wird definiert

1. durch die Forderung der Gültigkeit des assoziativen und des distributiven Gesetzes;

2. durch Einführung der Produkte der Einheitsvektoren als Einheitsgrößen r-ter Stufe:

$$\mathfrak{e}_{\varrho_1} \times \ldots \times \mathfrak{e}_{\varrho_r} = \overset{r}{\mathfrak{E}}_{\varrho_1 \ldots \varrho_r}$$

mit der Vertauschungsregel $\mathfrak{e}_\varrho \times \mathfrak{e}_\sigma = -\mathfrak{e}_\sigma \times \mathfrak{e}_\varrho$.

Dann wird

$$\overset{r}{\mathfrak{A}} = (\mathfrak{a}_1 \times \ldots \times \mathfrak{a}_r) = \sum A_{\varrho_1 \ldots \varrho_r} \overset{r}{\mathfrak{E}}_{\varrho_1 \ldots \varrho_r}.$$

Zu summieren ist über die verschiedenen Kombinationen der Zahlen 1, . . ., n zu je r.

Derartige Größen $\overset{r}{\mathfrak{A}} = \Sigma A_{\varrho_1 \dots \varrho_r} \mathfrak{E}_{\varrho_1 \dots \varrho_r}$ heißen „Größen r-ter Stufe" oder „r-Vektoren", $A_{\varrho_1 \dots \varrho_r}$ ihre Komponenten; diese bilden einen schiefsymmetrischen Tensor r-ter Stufe.

Ich bezeichne r-Vektoren durch große deutsche Buchstaben, wenn $r > 1$, durch kleine, wenn $r = 1$. Die Stufenzahl wird, wenn nötig, durch einen darübergesetzten Zeiger angegeben oder mit $\sigma(\mathfrak{A})$ bezeichnet. Lateinische Buchstaben bezeichnen Skalare.

Ein r-Vektor heißt *einfach*, wenn er (wie im obigen Falle) sich als Vektorprodukt von r 1-Vektoren darstellen läßt. In diesem Falle sind die $A_{\varrho_1 \dots \varrho_r}$ die Determinanten der aus den Komponenten der $\mathfrak{a}_\varrho$ gebildeten Matrix. Kriterien für die Einfachheit sind ([6], S. 1448): Jeder 1-Vektor ist einfach; daraus folgt später die Einfachheit jedes $(n-1)$-Vektors. Ein 2-Vektor $\overset{2}{\mathfrak{A}}$ ist einfach, wenn $\overset{2}{\mathfrak{A}} \times \overset{2}{\mathfrak{A}} = 0$ ist. Die Kriterien für die Einfachheit eines r-Vektors ($r > 2$) sind verwickelter, werden auch in dieser Arbeit nicht benötigt.

Geometrisch bedeutet ein einfacher r-Vektor das Gebiet, das von seinen r 1-Vektoren aufgespannt wird, d. h. er gibt die Stellung eines E_r an, dem noch eine Zahl, nämlich der Inhalt des von den Vektoren aufgespannten orientierten Parallelflachs zugeordnet wird.

Es gelten die Gesetze, daß ein Produkt aus 1-Vektoren verschwindet, wenn zwei Faktoren parallele Vektoren sind oder — allgemeiner — ein Faktor von den übrigen linear abhängig ist. Aus diesem Grunde würde ein Produkt von mehr als n 1-Vektoren stets verschwinden. Grassmann wählt den Ausweg, daß er ein solches Produkt anders definiert. Der Weg dazu führt über den Begriff der *Ergänzung*. Geometrisch ist die Ergänzung eines einfachen r-Vektors ein dazu orthogonaler einfacher $(n-r)$-Vektor. Allgemein wird die Ergänzung (ich bezeichne sie durch *) so eingeführt:

$$(\overset{r}{\mathfrak{A}} + \overset{r}{\mathfrak{B}})^* = \mathfrak{A}^* + \mathfrak{B}^*; \qquad (a\,\mathfrak{A})^* = a \cdot \mathfrak{A}^*.$$

Dann braucht nur noch für die Einheiten $\mathfrak{E}^*$ definiert zu werden: Ist

$$\overset{r}{\mathfrak{E}} = \mathfrak{e}_{\varrho_1} \times \dots \times \mathfrak{e}_{\varrho_r},$$

so ist

$$\mathfrak{E}^* = \pm\, \mathfrak{e}_{\varrho_{r+1}} \times \dots \times \mathfrak{e}_{\varrho_n},$$

wobei das Vorzeichen so zu wählen ist, daß $\mathfrak{E} \times \mathfrak{E}^* = +(\mathfrak{e}_1 \times \dots \times \mathfrak{e}_n)$ ist Dann ist

$$(\overset{r}{\mathfrak{A}}{}^*)^* = (-1)^{r(n-r)}\, \overset{r}{\mathfrak{A}}.$$

Nunmehr wird das „*regressive Produkt*“ $\overset{R}{\times}$ zweier Einheiten erklärt durch

$$(\overset{p}{\mathfrak{E}}\overset{R}{\times}\overset{q}{\mathfrak{F}})^* = \mathfrak{E}^*\times\mathfrak{F}^* \qquad (\text{für } p+q>n, \text{ also } (n-p)+(n-q)<n),$$

das regressive Produkt beliebiger r-Vektoren durch das distributive Gesetz. Bei einfachen Vektoren stellt das regressive Produkt das den beiden Vektoren gemeinsame Gebiet dar. Das R in der Bezeichnung kann fortgelassen werden, da die Art des Produkts aus der Stufenzahl der Faktoren abgelesen werden kann. Produkte aus mehreren Faktoren können „rein“ oder „gemischt“ sein, je nachdem nur die eine oder beide Arten der Multiplikation auftreten. Nur für reine Produkte gilt das assoziative Gesetz.

Rechenregeln.

a) $(\mathfrak{A}_1\times\ldots\times\mathfrak{A}_m)^* = \mathfrak{A}_1^*\times\ldots\times\mathfrak{A}_m^*$ ([6], S. 1443, (4)).

b) Zerlegungsformel ([6], S. 1445): „Es sei $\mathfrak{B}$ eine einfache Größe m-ter Stufe, aufgebaut aus den Faktoren $\mathfrak{b}_1, \mathfrak{b}_2, \ldots, \mathfrak{b}_m$. $\mathfrak{C}_1, \mathfrak{C}_2, \ldots$ seien deren multiplikative Kombinationen zur r-ten Klasse ($r<m$), sowie $\mathfrak{D}_1, \mathfrak{D}_2, \ldots$ diejenigen aus den jeweils noch übrigen $\mathfrak{b}_i$ und in solcher Reihenfolge, daß stets $\mathfrak{C}_k\times\mathfrak{D}_k = +\mathfrak{B}$, dann ist allgemein

$$\text{(Z)} \qquad (\mathfrak{A}\overset{R}{\times}\mathfrak{B}) = \sum_k (\mathfrak{A}\times\mathfrak{D}_k)^*\cdot\mathfrak{C}_k$$

für jede Größe $\mathfrak{A}$ der Stufe $n+r-m$“. — $(\mathfrak{A}\times\mathfrak{D}_k)^*$ ist ein Skalar.

Zur Erläuterung dieser Formel möchte ich einen bekannten Sonderfall angeben: Das Vektorprodukt zweier Vektorprodukte im E_3. Unter dem Vektorprodukt der Vektoren $\mathfrak{a}, \mathfrak{b}$ versteht man dort gewöhnlich den zu $\mathfrak{a}$ und $\mathfrak{b}$ senkrechten Vektor geeigneter Länge, das ist in unserer Bezeichnungsweise die Ergänzung. Wir wollen also berechnen

$$((\mathfrak{a}\times\mathfrak{b})^*\times(\mathfrak{c}\times\mathfrak{d})^*)^*;$$

das ist nach der Definition des regressiven Produkts

$$= (\mathfrak{a}\times\mathfrak{b})\overset{R}{\times}(\mathfrak{c}\times\mathfrak{d})$$

und somit nach (Z)

$$= (\mathfrak{a}\times\mathfrak{b}\times\mathfrak{d})^*\mathfrak{c} - (\mathfrak{a}\times\mathfrak{b}\times\mathfrak{c})^*\mathfrak{d};$$

$(\mathfrak{a}\times\mathfrak{b}\times\mathfrak{c})$ ist aber die aus diesen drei Vektoren gebildete Determinante.

Als *Skalarprodukt* oder *inneres Produkt* sei definiert

$$\text{(S)} \qquad \overset{a}{\mathfrak{A}}\cdot\overset{b}{\mathfrak{B}} = (\mathfrak{A}\times\mathfrak{B}^*)^*$$

(statt $\mathfrak{A}\times\mathfrak{B}^*$ bei Lotze, damit das Skalarprodukt zweier gleichstufiger Vektoren nicht ein n-Vektor, sondern ein Skalar wird).

Zwischen $\mathfrak{A}\mathfrak{B}$ und $\mathfrak{B}\mathfrak{A}$ besteht mit einem Vorzeichen, das von der Stufenzahl abhängt, die Beziehung $\mathfrak{A}\mathfrak{B} = \pm(\mathfrak{B}\mathfrak{A})^*$; nur für gleichstufige Vektoren ist $\mathfrak{A}\mathfrak{B} = \mathfrak{B}\mathfrak{A}$.

Es ist $\quad \sigma(\mathfrak{A}\mathfrak{B}) = \sigma(\mathfrak{B}) - \sigma(\mathfrak{A}), \qquad$ wenn $\sigma(\mathfrak{B}) \geqq \sigma(\mathfrak{A})$,

$= n - \sigma(\mathfrak{B}) + \sigma(\mathfrak{A})$, wenn $\sigma(\mathfrak{B}) < \sigma(\mathfrak{A})$ ist.

Skalarprodukte schreibe ich, wenn möglich, in solcher Reihenfolge, daß der erste Fall vorliegt. In diesem Falle ist das Skalarprodukt nichts anderes als die gleichläufige $\sigma(\mathfrak{A})$-fache Überschiebung. Ich zeige das hier, um die Schreibweise zu vereinfachen, für den Fall $\sigma(\mathfrak{A}) = 2$, $\sigma(\mathfrak{B}) = 3$, also

$$\overset{2}{\mathfrak{A}} = \sum A_{ik}\,\mathfrak{E}_{ik}, \quad \overset{3}{\mathfrak{B}} = \sum B_{lmn}\,\mathfrak{E}_{lmn}.$$

Dann ist

$$\mathfrak{A}\cdot\mathfrak{B} = \sum A_{ik}\,B_{lmn}\,(\mathfrak{E}_{ik}\times\mathfrak{E}^*_{lmn})^*.$$

Nun ist $\mathfrak{E}_{ik}\times\mathfrak{E}^*_{lmn} = 0$, wenn unter den Zeigern l, m, n nicht die Werte i, k vorkommen. Ich denke mir die Zeiger der B schon so geordnet, daß die i, k an erster Stelle stehen. Dann ist also

$$\mathfrak{A}\mathfrak{B} = \sum A_{ik}\,B_{ikn}\,(\mathfrak{E}_{ik}\times\mathfrak{E}^*_{ikn})^* = \underset{R}{\sum} A_{ik}\,B_{ikn}\,\mathfrak{e}_n.$$

Denn es ist $(\mathfrak{E}_{ik}\times\mathfrak{E}^*_{ikn}) = \mathfrak{E}^*_{ik}\times\mathfrak{E}_{ikn}$ und das ist nach (Z)

$$= (\mathfrak{E}^*_{ik}\times\mathfrak{E}_{ik})^*\cdot\mathfrak{e}_n = \mathfrak{e}_n.$$

Formeln für späteren Gebrauch:

a) Sei $\sigma(\mathfrak{B}) = b < c = \sigma(\mathfrak{C})$; dann ist

(S1) $$(\mathfrak{B}\cdot\mathfrak{C})^* = (\mathfrak{B}\times\mathfrak{C}^*)^{**} = (-1)^{(n-c+b)(c-b)}(\mathfrak{B}\times\mathfrak{C}^*).$$

b) Ist $\sigma(\mathfrak{A}) + \sigma(\mathfrak{B}) \leq \sigma(\mathfrak{C})$, so ist

$$(\mathfrak{A}\times\mathfrak{B})\cdot\mathfrak{C} = (\mathfrak{A}\times\mathfrak{B}\times\mathfrak{C}^*)^*$$

(die Beschränkung der Stufenzahl ist notwendig, damit hier das assoziative Gesetz angewandt werden darf)

$$= (-1)^{(n-c+b)(c-b)}(\mathfrak{A}\times(\mathfrak{B}\cdot\mathfrak{C})^*)^*,$$

(S2) $$(\mathfrak{A}\times\mathfrak{B})\cdot\mathfrak{C} = (-1)^{(n-c+b)(c-b)}\,\mathfrak{A}\cdot(\mathfrak{B}\cdot\mathfrak{C}).$$

2. Kapitel.

Aus der Geometrie des E_n.

I. Torsen [3]).

§ 1.

Definition und Bedingungsgleichungen.

$$\mathfrak{Y}(s) = (\mathfrak{y}_1(s)\times\mathfrak{y}_2(s)\times\ldots\times\mathfrak{y}_r(s))$$

sei eine einparametrige Schar einfacher r-Vektoren, $r \leqq n-2$. Längs einer Kurve $\mathfrak{x}(s)$ aufgereiht erzeugen sie eine $(r+1)$-dimensionale Mannigfaltigkeit, die r-Regelfläche genannt werde:

F_{r+1}: $$\mathfrak{z}(s, v_\varrho) = \mathfrak{x}(s) + \sum_{\varrho=1}^{r} v_\varrho\cdot\mathfrak{y}_\varrho(s).$$

---

[3]) Mit aus E_r aufgebauten Mannigfaltigkeiten und ihren Abwickelbarkeitseigenschaften beschäftigen sich Segre, Bompiani, Terracini [25–31], siehe auch Brauner [24].

Sie heiße r-Torse, wenn ihre Tangenten-E_{r+1} längs einer Erzeugenden E_r fest sind. Die Stellung der Tangenten-E_{r+1} ist gegeben durch ($'$ bedeutet Ableitung nach s):

$$(1) \qquad \overset{r+1}{\mathfrak{T}} = \left(\mathfrak{z}' \times \frac{\partial \mathfrak{z}}{\partial v_1} \times \ldots \times \frac{\partial \mathfrak{z}}{\partial v_r}\right) = (\mathfrak{x}' \times \mathfrak{Y}) + \sum_{\varrho=1}^{r} v_\varrho (\mathfrak{y}'_\varrho \times \mathfrak{Y}).$$

Für $v_\varrho = 0$ ($\varrho = 1, \ldots, r$), d. h. für die Punkte der Kurve $\mathfrak{x}(s)$ selbst, ist

$$\mathfrak{T} = \mathfrak{x}' \times \mathfrak{Y}.$$

Wenn $\mathfrak{x}' \times \mathfrak{Y} \neq 0$ ist, so muß, damit die Stellung von $\mathfrak{T}$ unabhängig von v_ϱ ist, jedes $\mathfrak{y}'_\varrho \times \mathfrak{Y}$ dieselbe E_{r+1} bestimmen, d. h. es muß $\mathfrak{y}'_\varrho$ in der von $\mathfrak{x}'$ und $\mathfrak{Y}$ aufgespannten E_{r+1} liegen, also

$$(\mathrm{T\,1}) \qquad \mathfrak{x}' \times \mathfrak{y}'_\varrho \times \mathfrak{Y} = 0 \text{ sein für } \varrho = 1, \ldots, r.$$

Ist $\mathfrak{x}' \times \mathfrak{Y} = 0$, so ist in den Punkten der Kurve $\mathfrak{x}(s)$ die Tangenten-E_{r+1} nicht bestimmt. Damit $\mathfrak{T}$ dann von v_ϱ unabhängig ist, muß für alle ϱ, σ

$$(\mathrm{T\,2}) \qquad \mathfrak{y}'_\varrho \times \mathfrak{y}'_\sigma \times \mathfrak{Y} = 0$$

sein.

§ 2.

Gratlinien [4]).

Als Gratlinien der Torse F_{r+1} seien diejenigen Kurven

$$\bar{\mathfrak{x}}(s) = \mathfrak{x}(s) + \sum_{\varrho=1}^{r} v_\varrho(s)\, \mathfrak{y}_\varrho(s)$$

bezeichnet, für die $\bar{\mathfrak{x}}' \times \mathfrak{Y} = 0$ ist.

Es ist

$$\bar{\mathfrak{x}}' = \mathfrak{x}' + \sum v_\varrho \mathfrak{y}'_\varrho + \sum v'_\varrho \mathfrak{y}_\varrho,$$

$$\bar{\mathfrak{x}}' \times \mathfrak{Y} = \mathfrak{x}' \times \mathfrak{Y} + \sum v_\varrho (\mathfrak{y}'_\varrho \times \mathfrak{Y}).$$

Nun sind nach (T 1), (T 2) die $(r+1)$-Vektoren $\mathfrak{x}' \times \mathfrak{Y}$ und $\mathfrak{y}'_\varrho \times \mathfrak{Y}$ Vielfache desselben $(r+1)$-Vektors $\mathfrak{T}$, also etwa

$$\mathfrak{x}' \times \mathfrak{Y} = x \cdot \mathfrak{T}, \qquad \mathfrak{y}'_\varrho \times \mathfrak{Y} = y_\varrho \cdot \mathfrak{T},$$

wobei x, y_ϱ Zahlen (Funktionen von s) sind. Also wird unsere Bedingungsgleichung

$$x + \sum_{\varrho=1}^{r} v_\varrho y_\varrho = 0.$$

Es besteht also eine lineare Gleichung für die r Größen v_ϱ, d. h. es gibt im allgemeinen eine $(r-1)$-parametrige Schar von Gratlinien.

[4]) Die Ergebnisse der § 2 und 3 werden im folgenden nicht benutzt.

§ 3.

Mit einer Kurve verbundene Torsen.

Längs einer Kurve des E_3 bilden bekanntlich die Tangenten, aber nicht die Hauptnormalen oder die Binormalen Torsen. In Verallgemeinerung hiervon fragen wir, welche von den mit einer Kurve des E_n in entsprechender Weise verbundenen r-Regelflächen Torsen sind.

Das mit der Kurve $\mathfrak{x}(s)$ verbundene orthogonale n-Bein bestehe aus den Vektoren $\xi_1 = \mathfrak{x}'$, $\xi_2, \ldots, \xi_n$; s sei die Bogenlänge, $\varkappa_i$ die Krümmungen, so daß mit $\varkappa_0 = \varkappa_n = 0$ die Frenetschen Formeln die Gestalt haben [5])

$$\xi_i' = -\varkappa_{i-1}\,\xi_{i-1} + \varkappa_i\,\xi_{i+1}.$$

Dabei kann vorausgesetzt werden, daß von den ersten m Krümmungen keine, aber alle übrigen identisch verschwinden ($m \leqq n-1$). In diesem Falle liegt die Kurve in einem E_{m+1}. Auf diesen können wir unsere Überlegungen beschränken, d. h. wir können einfach von vornherein alle $\varkappa_1, \ldots, \varkappa_{n-1}$ als $\neq 0$ annehmen.

Betrachten wir zunächst den Fall $r = 1$, also $\mathfrak{Y} = \xi_i$; dann wird aus (T 1)

$$\xi_1 \times \xi_i' \times \xi_i = -\varkappa_{i-1}(\xi_1 \times \xi_{i-1} \times \xi_i) + \varkappa_i(\xi_1 \times \xi_{i+1} \times \xi_i) = 0.$$

Damit das der Fall ist, muß wegen unserer Voraussetzungen über die $\varkappa$

$$\xi_1 \times \xi_{i-1} \times \xi_i \equiv 0 \quad \text{und} \quad \xi_1 \times \xi_{i+1} \times \xi_i \equiv 0$$

sein; und das ist dann und nur dann erfüllt, wenn $i = 1$ ist. *Von den Vektoren des eine Kurve begleitenden n-Beins erzeugen nur die Tangenten eine Torse* (vgl. Forsyth [14]).

Sei allgemein

$$\mathfrak{Y} = \xi_{i_1} \times \xi_{i_2} \times \ldots \times \xi_{i_r}; \quad i_1 < i_2 < \ldots < i_r; \quad r \leqq n-2.$$

(T 1) liefert

$$\xi_1 \times \xi_{i_\varrho}' \quad \times \xi_{i_1} \times \ldots \times \xi_{i_r} \equiv 0,$$

und dazu muß

$$\xi_1 \times \xi_{i_\varrho - 1} \times \xi_{i_1} \times \ldots \times \xi_{i_r} \equiv 0$$

und

$$\xi_1 \times \xi_{i_\varrho + 1} \times \xi_{i_1} \times \ldots \times \xi_{i_r} \equiv 0$$

sein.

Aus diesen Gleichungen folgt

entweder $i_1 = 1$, und dann sind alle diese Gleichungen in der Tat erfüllt;

oder aus der zweiten $i_{\varrho+1} = i_\varrho + 1$

und dann aus der ersten für $\varrho = 1$: $i_1 = 2$, also $i_\varrho = \varrho + 1$, und dann aus der zweiten für $\varrho = r$: $\xi_1 \times \xi_{r+2} \times \xi_2 \times \ldots \times \xi_{r+1} \equiv 0$; diese Gleichung ist aber falsch.

---

[5]) Vgl. z. B. Duschek-Mayer, Differentialgeometrie II, S. 74.

Also bleibt nur die Möglichkeit $i_1 = 1$. In diesem Falle ist (T 2) zu prüfen. Daraus ergeben sich zunächst die Gleichungen:

$$\xi_2 \times \xi'_{i_\varrho} \times \xi_1 \times \xi_{i_2} \times \ldots \times \xi_{i_r} \equiv 0 \qquad (\varrho \geqq 2),$$

d. h.

$$\xi_2 \times \xi_{i_\varrho - 1} \times \xi_1 \times \xi_{i_2} \times \ldots \times \xi_{i_r} \equiv 0 \text{ und } \xi_2 \times \xi_{i_\varrho + 1} \times \xi_1 \times \xi_{i_2} \times \ldots \times \xi_{i_r} \equiv 0.$$

Aus der zweiten dieser Gleichungen folgt $i_\varrho + 1 = i_{\varrho+1}$, aus der ersten für $\varrho = 2$: $i_2 = 2$ oder $i_2 = 3$, also $i_\varrho = \varrho$ oder $i_\varrho = \varrho + 1$. Der zweite Fall ergibt für $\varrho = r$ aus der zweiten Gleichung die falsche Gleichung:

$$\xi_2 \times \xi_{r+2} \times \xi_1 \times \xi_3 \times \ldots \times \xi_{r+1} \equiv 0,$$

also bleibt nur der Fall $i_\varrho = \varrho$: Eine Torse kann höchstens dann vorliegen, wenn $\mathfrak{Y} = \xi_1 \times \xi_2 \times \ldots \times \xi_r$ ist. Dann liegt auch eine Torse vor; denn (T 1) ist erfüllt, weil $\mathfrak{x}' = \xi_1$ ist, und (T 2) ist erfüllt, weil in

$$\xi'_i \times \xi'_k \times \xi_1 \times \ldots \times \xi_r$$

entweder i oder $k < r$ ist, etwa i, und weil dann ξ_{i-1} und ξ_{i+1} unter $\xi_1, \ldots, \xi_r$ vorkommt.

Das Ergebnis ist: *Längs einer Kurve des E_n bilden jeweils die ersten r Vektoren ($r \leqq n - 2$) des n-Beins eine Torse und nur diese.*

II. Flächen im E_n.

§ 4.

Grundgrößen und Ableitungsgleichungen.

Eine m-dimensionale Mannigfaltigkeit des E_n: $\mathfrak{x}(u^1, \ldots, u^m)$, sei als m-Fläche F_n^m bezeichnet. Wir werden es später meist mit 2-Flächen zu tun haben, die wir einfach Flächen nennen. Die Normal-E_{n-m} der Fläche $\mathfrak{x}$ werde aufgespannt von den orthogonalen Einheitsvektoren ξ_λ, $\lambda = 1, 2, \ldots, n - m$. Im folgenden laufen lateinische Zeiger von 1 bis m, griechische von 1 bis $n - m$. Bezeichnet man

$$\frac{\partial \mathfrak{x}}{\partial u^i} = \mathfrak{x}_i, \quad \mathfrak{x}_1 \times \ldots \times \mathfrak{x}_m = \mathfrak{P}, \qquad \mathfrak{x}_i \mathfrak{x}_k = g_{ik}, \quad \| g_{ik} \| = g,$$

so ist

$$\sqrt{g} \cdot (\xi_1 \times \xi_2 \times \ldots \times \xi_{n-m}) = \mathfrak{P}^*.$$

Wir definieren g^{kl} durch

$$g_{ik} g^{kl} = \delta_i^l = \begin{cases} 1 \text{ für } i = l \\ 0 \text{ für } i \neq l \end{cases}$$

und setzen

$$\frac{\partial^2 \mathfrak{x}}{\partial u^i \partial u^k} = \mathfrak{x}_{ik}, \qquad \frac{\partial \xi_\lambda}{\partial u^i} = \xi_{\lambda,i},$$

$$\overset{\lambda}{c}_{ik} = \mathfrak{x}_{ik} \xi_\lambda, \qquad \overset{\lambda}{c}_{ik} g^{kl} = \overset{\lambda l}{c_i}.$$

Über gleiche Zeiger ist zu summieren.

Die Ableitungsgleichungen nehmen die Gestalt an:

(A 1) $$\mathfrak{x}_{ik} = c^{\lambda}_{ik}\,\xi_\lambda + \Gamma^l_{ik}\,\mathfrak{x}_l,$$

(A 2) $$\xi_{\lambda,i} = -\,c^{\lambda l}_i\,\mathfrak{x}_l + \varkappa^{\lambda\mu}_i\,\xi_\mu \text{ mit } \varkappa^{\lambda\mu}_i = -\,\varkappa^{\mu\lambda}_i.$$

Die Integrierbarkeitsbedingungen erhält man auf folgendem Wege (Zeiger hinter einem Komma bedeuten Ableitung nach dem betreffenden Parameter): Es ist

$$\mathfrak{x}_{ikl} = \mathfrak{x}_r\,(\Gamma^m_{ik}\,\Gamma^r_{ml} + \Gamma^r_{ik,l} - c^{\lambda}_{ik}\,c^{\lambda r}_l) + \xi_\lambda\,(c^{\lambda}_{ik,l} + c^{\varrho}_{ik}\,\varkappa^{\varrho\lambda}_l + \Gamma^m_{ik}\,c^{\lambda}_{ml}),$$

und man erhält somit aus der Forderung $\mathfrak{x}_{ikl} - \mathfrak{x}_{ilk} = 0$:

(J 1) $$\Gamma^r_{ik,l} - \Gamma^r_{il,k} + \Gamma^m_{ik}\,\Gamma^r_{ml} - \Gamma^m_{il}\,\Gamma^r_{mk} = c^{\lambda}_{ik}\,c^{\lambda r}_l - c^{\lambda}_{il}\,c^{\lambda r}_k$$

und

(J 2) $$c^{\lambda}_{ik,l} - c^{\lambda}_{il,k} + c^{\varrho}_{ik}\,\varkappa^{\varrho\lambda}_l - c^{\varrho}_{il}\,\varkappa^{\varrho\lambda}_k + \Gamma^m_{ik}\,c^{\lambda}_{ml} - \Gamma^m_{il}\,c^{\lambda}_{mk} = 0.$$

Es ist

$$\xi_{\lambda,ik} = -\,\mathfrak{x}_r\,(c^{\lambda r}_{i,k} + c^{\lambda l}_i\,\Gamma^r_{lk} + \varkappa^{\lambda\mu}_i\,c^{\mu r}_k) + \xi_\mu\,(\varkappa^{\lambda\mu}_{i,k} + \varkappa^{\lambda\varrho}_i\,\varkappa^{\varrho\mu}_k - c^{\lambda l}_i\,c^{\mu}_{lk}).$$

Aus $\xi_{\lambda,ik} - \xi_{\lambda,ki} = 0$ ergibt sich somit

(J 3) $$\varkappa^{\lambda\mu}_{i,k} - \varkappa^{\lambda\mu}_{k,i} + \varkappa^{\lambda\varrho}_i\,\varkappa^{\varrho\mu}_k - \varkappa^{\lambda\varrho}_k\,\varkappa^{\varrho\mu}_i = c^{\lambda l}_i\,c^{\mu}_{lk} - c^{\lambda l}_k\,c^{\mu}_{li}$$

und

(J 4) $$c^{\lambda r}_{i,k} - c^{\lambda r}_{k,i} + c^{\lambda l}_i\,\Gamma^r_{lk} - c^{\lambda l}_k\,\Gamma^r_{li} + \varkappa^{\lambda\mu}_i\,c^{\mu r}_k - \varkappa^{\lambda\mu}_k\,c^{\mu r}_i = 0.$$

Diese letzte Gleichung folgt aber auf dem üblichen Wege aus (J 2). Es ist nämlich

$$c^{\lambda}_{ik,l} = (c^{\lambda r}_k\,g_{ri})_l = c^{\lambda r}_{k,l}\,g_{ri} + c^{\lambda r}_k\,(g_{ri})_l$$

und

$$(g_{ri})_l = \Gamma_{rli} + \Gamma_{ilr};$$

so wird aus (J 2)

$$c^{\lambda r}_{k,l}\,g_{ri} - c^{\lambda r}_{l,k}\,g_{ri} + c^{\lambda r}_k\,(g_{ri})_l - c^{\lambda r}_l\,(g_{ri})_k + c^{\varrho r}_k\,\varkappa^{\varrho\lambda}_l\,g_{ri} - c^{\varrho r}_l\,\varkappa^{\varrho\lambda}_k\,g_{ri} + \Gamma_{ikm}\,c^{\lambda m}_l - \Gamma_{ilm}\,c^{\lambda m}_k = 0.$$

Der Faktor von $c^{\lambda r}_k$ ist $\Gamma_{rli} + \Gamma_{ilr} - \Gamma_{ilr} = \Gamma_{rli}$, der Faktor von $c^{\lambda r}_l$ ebenso Γ_{rki}. Überschieben der Gleichung mit g^{im} ergibt (J 4).

§ 5.

Asymptotenlinien.

Im E_4 hat Kommerell [18] jedem Flächenpunkt eine „Charakteristik" zugeordnet, nämlich die Kurve in der Normalebene, die durch Schnitt mit allen benachbarten Normalebenen entsteht. Jeder Fortschreitungsrichtung in einem Punkt auf der Fläche entspricht somit ein Punkt der Charakteristik.

Sie ist eine Kurve zweiter Ordnung. Die ihren unendlich fernen Punkten entsprechenden Richtungen der Fläche heißen Asymptotenrichtungen, die aus ihnen gebildeten Kurven Asymptotenlinien. Ihre Differentialgleichung ist nach Kommerell

$$h_{ik}\dot{u}^i\dot{u}^k = (\mathfrak{x}_1\times\mathfrak{x}_2\times\mathfrak{x}_{1i}\times\mathfrak{x}_{2k})\,\dot{u}^i\dot{u}^k = 0.$$

(· bedeutet Ableitung nach einem Kurvenparameter.)

Bei 2-Flächen im E_n läßt sich diese Gleichung formal auch aufstellen, nur steht dann links nicht mehr ein Skalar (genauer: n-Vektor), sondern ein 4-Vektor, dessen $\binom{n}{4}$ Komponenten verschwinden sollen, so daß die hierdurch bestimmten Richtungen $\binom{n}{4}$ Gleichungen zu genügen hätten. Wir stellen die Frage nach ihrer Erfüllbarkeit in der Form: Lassen sich die Parameterkurven so bestimmen, daß

$$\mathfrak{H}_{11} = (\mathfrak{x}_1\times\mathfrak{x}_2\times\mathfrak{x}_{11}\times\mathfrak{x}_{21}) = 0 \quad\text{und}\quad \mathfrak{H}_{22} = (\mathfrak{x}_1\times\mathfrak{x}_2\times\mathfrak{x}_{12}\times\mathfrak{x}_{22}) = 0$$

wird? Wir fragen also zunächst, wann es auf einer Fläche *zwei* Scharen von Asymptotenlinien gibt.

Diese Gleichungen sind erfüllt, wenn sich die Parameterkurven so wählen lassen, daß auf der ganzen Fläche die Differentialgleichung

$$\mathfrak{x}_1\times\mathfrak{x}_2\times\mathfrak{x}_{12} = 0$$

erfüllt ist. Solche Kurvensysteme nennt man „Netze (konjugierter Kurven)“ (Eisenhart [32], Lane [33], Guichard [34]). Nicht auf allen Flächen des E_n gibt es Netze ([32], S. 7).

Wenn sich andererseits die Parameterkurven so wählen lassen, daß $\mathfrak{H}_{11} = \mathfrak{H}_{22} = 0$ und dabei $\mathfrak{x}_1\times\mathfrak{x}_2\times\mathfrak{x}_{12} \neq 0$ ist, so wähle ich die Normalkomponente von $\mathfrak{x}_{12}$ als Richtung von ξ_1, d. h. ich setze

$$m\cdot\xi_1 = \mathfrak{x}_{12} - \Gamma^l_{12}\,\mathfrak{x}_l.$$

Dann werden für $\lambda \neq 1$ alle $c^{\lambda}_{ik} = 0$ und die Integrierbarkeitsbedingungen vereinfachen sich in folgender Weise: (J 1) geht in das Theorema egregium über, (J 2) für $\lambda = 1$ in

$$c^1_{ik,l} - c^1_{il,k} + \Gamma^m_{ik}\,c^1_{ml} - \Gamma^m_{il}\,c^1_{mk} = 0,$$

das sind die Mainardi-Codazzischen Gleichungen. D. h.: Die g_{ik} und c^1_{ik} erfüllen die für die Fundamentalgrößen einer Fläche im E_3 kennzeichnenden Bedingungen. Also gibt es eine Fläche im E_3 mit denselben g_{ik} wie unsere gegebene Fläche: Unsere Fläche ist auf eine Fläche des E_3 abwickelbar. (In diesem Sinne wird der Ausdruck „abwickelbar“ im folgenden stets verwendet.)

Wenn sich ξ_1 so wählen läßt, daß für $\lambda \neq 1$ alle $c^{\lambda}_{ik} = 0$ sind, so ist das von der Wahl der Parameterkurven unabhängig; denn darin kommt die geometrische Tatsache zum Ausdruck, daß in jedem Flächenpunkt die fünf Vektoren $\mathfrak{x}_1, \mathfrak{x}_2, \mathfrak{x}_{11}, \mathfrak{x}_{12}, \mathfrak{x}_{22}$ und damit auch alle Vektoren $\ddot{\mathfrak{x}}$, d. h. die Schmiegebenen an alle Flächenkurven in diesem Punkte einem und demselben E_3 angehören.

Trägt man nun $\mathfrak{x}_{ik} = c^{\lambda}_{ik}\,\xi_\lambda + \Gamma^{l}_{ik}\,\mathfrak{x}_l$ in $\mathfrak{H}_{ik}$ ein, so erhält man

$$\mathfrak{H}_{ik} = \begin{vmatrix} c^{\lambda}_{1i}, & c^{\mu}_{1i} \\ c^{\lambda}_{2k}, & c^{\mu}_{2k} \end{vmatrix} \cdot (\mathfrak{x}_1 \times \mathfrak{x}_2 \times \xi_\lambda \times \xi_\mu)$$

und daraus sieht man: Wenn sich ξ_1 so wählen läßt, daß für $\lambda \neq 1$ alle $c^{\lambda}_{ik} = 0$ sind, so sind alle $\mathfrak{H}_{ik} = 0$, und zwar unabhängig von der Parameterwahl, d. h. alle Kurven der Fläche sind Asymptotenlinien.

Unser Ergebnis ist: *Wenn es auf einer Fläche des E_n zwei Scharen von Asymptotenlinien gibt, so bilden diese entweder ein Netz konjugierter Kurven oder die Fläche ist auf eine Fläche des E_3 abwickelbar und in diesem Falle sind alle Kurven der Fläche Asymptotenlinien.* Umgekehrt sind die Kurven eines Netzes Asymptotenlinien.

Wir fragen nun, wann es auf einer Fläche *eine* Schar von Asymptotenlinien gibt. Dazu ist offenbar notwendig und hinreichend, daß 1. bei beliebiger Parameterwahl die Fläche einer Differentialgleichung der Form

$$\text{(L)} \qquad A\,\mathfrak{x}_{11} + 2\,B\,\mathfrak{x}_{12} + C\,\mathfrak{x}_{22} + D\,\mathfrak{x}_1 + E\,\mathfrak{x}_2 = 0$$

genügt, und daß sich 2. eine Parametertransformation

$$\bar{u}^1 = U\,(u^1, u^2), \qquad \bar{u}^2 = V\,(u^1, u^2)$$

angeben läßt, die (L) in eine Gleichung derselben Form mit den Koeffizienten $\bar{A}, \bar{B}, \bar{C}, \bar{D}, \bar{E}$ *mit* $\bar{C} = 0$ überführt.

Nun gibt es bei Flächen, die einer Gleichung (L) genügen, zwei Fälle:

Entweder es ist (in einem Flächenpunkt und damit aus Stetigkeitsgründen in einer gewissen Umgebung)

$$AC - B^2 \neq 0;$$

dann gibt es zwei Scharen konjugierter Kurven.

Oder es ist $AC - B^2 = 0$. Schließen wir die Fälle aus, wo diese Gleichung in einem isolierten Punkte oder längs einer Kurve gilt, dann läßt sich durch eine Parametertransformation sogar

$$\bar{C} = \bar{B} = 0$$

erreichen, so daß es eine Kurvenschar gibt, für die

$$\text{(Ht)} \qquad \mathfrak{x}_1 \times \mathfrak{x}_2 \times \mathfrak{x}_{11} = 0$$

ist. Diesen Gedankengang sowie den Beweis findet man z. B. bei Eisenhart [32], auch bei Lane [33], und schon bei Darboux, Théorie des Surfaces, Bd. I, 1887, § 106.

Wenn die Gleichung (Ht) besteht, haben die Kurven $u^2 = \text{const}$ die Eigenschaft, daß ihre Schmiegebene mit der Tangentenebene der Fläche zusammenfällt. Wir nennen diese Kurven „Haupttangentenkurven". Jede Haupttangentenkurve ist Asymptotenlinie, aber nicht umgekehrt.

Wenn es nur eine Schar von Asymptotenlinien gibt, so sind diese Kurven Haupttangentenkurven. Notwendig und hinreichend dafür, daß es eine Schar von Haupttangentenkurven gibt, ist, daß die Fläche einer Differentialgleichung (L) *mit* $AC - B^2 = 0$ *genügt.*

§ 6.

Haupttangentenkurven.

Wenn es zwei Scharen von Haupttangentenkurven gibt, so bestehen, da diese Asymptotenlinien sind, die beiden Möglichkeiten: Entweder die Fläche ist auf eine Fläche des E_3 abwickelbar oder die Kurven bilden ein Netz. Im zweiten Falle würden die Parameterkurven als Haupttangentenkurven den Gleichungen genügen:

$$\mathfrak{x}_1 \times \mathfrak{x}_2 \times \mathfrak{x}_{11} = 0 \quad \text{und} \quad \mathfrak{x}_1 \times \mathfrak{x}_2 \times \mathfrak{x}_{22} = 0$$

und als Kurven eines Netzes der Gleichung:

$$\mathfrak{x}_1 \times \mathfrak{x}_2 \times \mathfrak{x}_{12} = 0;$$

d. h. aber: Die Fläche ist eine Ebene.

Zwei Scharen von Haupttangentenkurven gibt es also höchstens auf solchen Flächen, die auf Flächen des E_3 *abwickelbar sind.*

Genügt diese Abwickelbarkeitseigenschaft, um wenigstens die Existenz *einer* Schar von Haupttangentenkurven sicherzustellen? Wir untersuchen hierzu den Zusammenhang zwischen dem Bestehen einer Gleichung (L) und Abwickelbarkeitseigenschaften.

Das Bestehen einer Gleichung (L) bedeutet, daß $\mathfrak{x}_1, \mathfrak{x}_2, \mathfrak{x}_{11}, \mathfrak{x}_{12}, \mathfrak{x}_{22}$ alle in einem E_4 liegen, d. h. daß sich ξ_1, ξ_2 so wählen lassen, daß für $\lambda > 2$ alle $c^\lambda_{ik} = 0$ sind. Man kann fragen, ob sich dann die Fläche auf eine Fläche des E_4 abwickeln läßt. Das ist im allgemeinen nicht der Fall; denn es gehen zwar, wie man sich ohne weiteres überzeugt, die Gleichungen (J 1), (J 2) in diejenigen für eine Fläche des E_4 über, aus (J 3) ergibt sich jedoch die zusätzliche Bedingung

$$\sum_{\varrho=3}^{n-2} \varkappa_i^{1\varrho}\varkappa_k^{\varrho 2} - \varkappa_k^{1\varrho}\varkappa_i^{\varrho 2} = 0.$$

Wir suchen nun solche Abwicklungsprobleme, bei denen keine Bedingungen für die $\varkappa$ auftreten. Ein solches ist nur das Problem der Abwicklung einer m-dimensionalen Fläche des E_n auf eine F^m_{m+1}; denn unter den Grundgrößen einer F^m_{m+1} treten keine $\varkappa$ auf. Die notwendigen und hinreichenden Bedingungen der Abwickelbarkeit sind aus (J 1, 2) abzulesen. Hinreichend ist die schon mehrfach herangezogene Bedingung, daß sich die ξ_λ so wählen lassen, daß für $\lambda \neq 1$ alle $c^\lambda_{ik} = 0$ werden. Dann nehmen die Ableitungsgleichungen (A 1) die Form an

$$(\text{A } 1') \qquad \mathfrak{x}_{ik} = c^1_{ik}\,\xi_1 + \Gamma^l_{ik}\,\mathfrak{x}_l.$$

Durch Eliminieren von ξ_1 entstehen daraus $\frac{m(m+1)}{2} - 1$ Gleichungen der Form

$$(\text{L}_M) \qquad A^{ik}_M\,\mathfrak{x}_{ik} + B^l_M\,\mathfrak{x}_l = 0; \qquad M = 1, 2, \ldots, \frac{m(m+1)}{2} - 1.$$

Wenn umgekehrt $\frac{m(m+1)}{2} - 1$ derartige Gleichungen bestehen, so kann man aus ihnen durch Elimination eine Gleichung der Form

$$a\,\mathfrak{x}_{11} + b\,\mathfrak{x}_{12} = C^l\,\mathfrak{x}_l$$

erhalten, allgemein das Gleichungssystem in die Form

$$a_{(ik)}\,\mathfrak{x}_{11} + b_{(ik)}\,\mathfrak{x}_{ik} = C^l_{(ik)}\,\mathfrak{x}_l$$

bringen; dabei ist über i, k nicht zu summieren, und ik durchläuft alle Wertpaare aus den Zahlen $1, \ldots, m$ außer 11. Setzt man dann

$$\xi_1 = \frac{\mathfrak{x}_{11}}{\sqrt{\mathfrak{x}_{11}\,\mathfrak{x}_{11}}},$$

so nehmen die Ableitungsgleichungen die Gestalt (A 1′) an. Also:

Notwendig und hinreichend dafür, daß durch geeignete Wahl der ξ_λ die c^λ_{ik} für $\lambda \neq 1$ zu Null gemacht werden können, ist das Bestehen von $\frac{m(m+1)}{2} - 1$ Gleichungen (L_M).

Im Falle $m = 2$ sind das zwei Gleichungen, die man auf folgende Form bringen kann:

$$\begin{aligned} c^1_{12}\,\mathfrak{x}_{11} - c^1_{11}\,\mathfrak{x}_{12} \qquad\qquad &= C^l_{11}\,\mathfrak{x}_l \\ - c^1_{22}\,\mathfrak{x}_{12} + c^1_{12}\,\mathfrak{x}_{22} &= C^l_{22}\,\mathfrak{x}_l. \end{aligned}$$

Genügt das Bestehen zweier solcher Gleichungen, um die Existenz einer Schar oder zweier Scharen von Haupttangentenkurven sicherzustellen? Dazu ist natürlich nach wie vor notwendig, daß eine bzw. zwei solche Gleichungen *mit* $AC - B^2 = 0$ bestehen. Solche kann man sich nun durch Linearkombination der beiden obigen verschaffen [6]).

Man setze

$$\bar{A} = p \cdot A_1 + q \cdot A_2$$

---

[6]) Diesen Hinweis verdanke ich Herrn G. Bol.

usw., also im obigen Falle

$$\begin{aligned} \bar{A} &= p \cdot c_{12}^1, \\ 2\bar{B} &= -p \cdot c_{11}^1 - q \cdot c_{22}^1, \\ \bar{C} &= \qquad\qquad q \cdot c_{12}^1 \end{aligned}$$

und bestimme p, q so, daß

$$\bar{A}\bar{C} - \bar{B}^2 = 0$$

wird. Man erhält dafür die Gleichung

$$p^2 (c_{11}^1)^2 + 2\,p\,q\,(c_{11}^1 \cdot c_{22}^1 - 2\,(c_{12}^1)^2) + q^2 (c_{22}^1)^2 = 0;$$

ihre Diskriminante ist

$$4\,(c_{12}^1)^2 [c_{11}^1 \cdot c_{22}^1 - (c_{12}^1)^2],$$

das ist bis auf einen positiven Faktor die Gaußsche Krümmung der F_3^2, auf die die gegebene Fläche abgewickelt wurde. Man sieht nun leicht ein, daß eine reelle Lösung p, q reelle Haupttangentenkurven bedeutet. Also gilt:

Notwendig und hinreichend dafür, daß es auf einer Fläche F_n^2 zwei Scharen von Haupttangentenkurven gibt, ist, daß sie zwei Gleichungen (L) genügt. Dann ist sie auf eine F_3^2 abwickelbar; die Haupttangentenkurven sind reell, wenn deren Gaußsche Krümmung negativ ist, und fallen zusammen, wenn sie gleich Null ist. Den Haupttangentenkurven entsprechen die gewöhnlichen Asymptotenlinien auf der F_3^2.

Die letzte Behauptung sieht man so ein: Wählt man auf der F_n^2 die Haupttangentenkurven als Parameterkurven, so ist $c_{11}^1 = c_{22}^1 = 0$, und das bedeutet gerade, daß auf der F_3^2 die Asymptotenlinien Parameterkurven sind.

Ich fasse noch einmal zusammen: *Dafür daß es auf einer F_n^2 eine Schar von Haupttangentenkurven gibt, ist das Bestehen einer Differentialgleichung* (L) *mit $AC - B^2 = 0$ notwendig und hinreichend. Für die Existenz von zwei Scharen von Haupttangentenkurven ist Abwickelbarkeit auf eine F_3^2 notwendig, hinreichend ist, daß sich durch Wahl der Normalen $c_{ik}^\lambda = 0$ für $\lambda \neq 1$ erreichen läßt.*

C. Segre [25] hat auf anderem Wege gezeigt, daß eine Fläche, die zwei Gleichungen (L) genügt, entweder in einem E_3 liegt oder in dem Sinne abwickelbar ist, daß sie ein Kegel oder der Ort der Tangenten einer Kurve ist.

§ 7.

Abwickelbarkeit der Torsen.

Da wir gerade bei Abwickelbarkeitsfragen stehen, wollen wir hier nachrechnen, daß die in § 1 eingeführten Torsen T_n^{r+1}:

$$\mathfrak{z}(s, v_\varrho) = \mathfrak{x}(s) + \sum_{\varrho=2}^{r+1} v_\varrho\, \mathfrak{y}_\varrho(s)$$

für die noch die Beziehungen (T 1), (T 2) gelten, auf den E_{r+1} abwickelbar sind. Dazu ist notwendig und hinreichend, daß die für T_n^{r+1} berechneten Größen g_{ik}, c_{ik}^{λ}, $\varkappa_i^{\mu\lambda}$ den Integrierbarkeitsbedingungen für den E_{r+1} genügen. Diese Bedingungen sind in diesem Falle, daß die linken Seiten von (J 1), das sind die Komponenten des Riemannschen Krümmungstensors, verschwinden.

Wir bezeichnen die Ableitung nach s mit dem Zeiger 1, die Ableitung nach v_ϱ mit dem Zeiger ϱ, bei den $\mathfrak{y}$ trennt ein Komma die Nummer des $\mathfrak{y}$ von der Ableitungsmarke: $\mathfrak{y}_{\varrho,\sigma} = \frac{\partial \mathfrak{y}_\varrho}{\partial v_\sigma}$.

Es ist für $\varrho, \sigma = 2, \ldots, r+1$: $\mathfrak{z}_{\varrho\sigma} = 0$, also $\underline{c_{\varrho\sigma}^{\lambda} = 0}$.

Ferner: Die Gleichungen (T 1), (T 2) besagen, daß $\mathfrak{z}_{1\varrho} = \mathfrak{y}_{\varrho,1}$ in der Tangenten-E_{r+1} an T_n^{r+1} liegen, d. h.

$$\underline{c_{1\varrho}^{\lambda} = 0 \text{ für } \varrho > 1.}$$

Wählt man nun weiter den Einheitsvektor der Normalkomponente von $\mathfrak{z}_{11}$ als ξ_1:

$$\xi_1 = \frac{\mathfrak{z}_{11} - \Gamma_{11}^{1}\,\mathfrak{x}_1}{\sqrt{(\mathfrak{z}_{11} - \Gamma_{11}^{2}\,\mathfrak{x}_2)^2}},$$

dann werden alle $c_{ik}^{\lambda} = 0$ mit Ausnahme von c_{11}^{1}. Geht man mit diesen Werten in (J 1) ein, und zwar in die als gültig vorausgesetzte Bedingung (J 1) für die Fläche T_n^{r+1} als Fläche des E_n, so verschwinden die rechten Seiten, also auch die linken Seiten. Diese linken Seiten sind aber gerade die Größen, deren Verschwinden wir beweisen wollten.

§ 8.

λ-Krümmungslinien. Weitere Kennzeichnungen der Asymptotenlinien und Haupttangentenkurven.

1. Hat man $\xi_\lambda(u^1, u^2)$ einmal für die ganze Fläche festgelegt, so kann man für jedes λ λ-Krümmungsradien einführen durch

$$\frac{1}{R_\lambda} = \frac{\mathfrak{x}_{ik}\,\xi_\lambda\,\dot{u}^i\,\dot{u}^k}{g_{ik}\,\dot{u}^i\,\dot{u}^k} = \frac{c_{ik}^{\lambda}\,\dot{u}^i\,\dot{u}^k}{g_{ik}\,\dot{u}^i\,\dot{u}^k}$$

und kann in bekannter Weise die Extremwerte von R_λ: $R_{\lambda 1}$, $R_{\lambda 2}$ bestimmen, sowie die Richtungen, die diesen Extremwerten entsprechen. Es gibt in jedem Punkt zwei reelle derartige Richtungen. Wählt man diese λ-Krümmungslinien als Parameterkurven, so gelten die den Rodriguesschen entsprechenden Formeln

$$\xi_{\lambda,i} = -\frac{1}{R_{\lambda(i)}}\,\mathfrak{x}_i + \varkappa_i^{\lambda\mu}\,\xi_\mu.$$

(Über i ist hier nicht zu summieren, was durch Einklammern dieses Zeigers angedeutet ist.) Diese Gleichungen besagen: Es ist

$c_1^{\lambda 2} = 0$, wenn $\dot{u}^2 = 0$ λ-Krümmungslinie ist, und

$c_2^{\lambda 1} = 0$, wenn $\dot{u}^1 = 0$ λ-Krümmungslinie ist.

Umgekehrt folgt aus $c_1^{\lambda 2} = 0$, daß $\dot{u}^2 = 0$ λ-Krümmungslinie ist. Die Beweise sind die bekannten. Dagegen bilden die ξ_λ im allgemeinen längs der λ-Krümmungslinien keine Torse, dazu ist vielmehr $\varkappa_i^{\lambda\mu} = 0$ erforderlich; denn die Forderung (T 1) geht über in

$$\sum_{\mu} \varkappa_i^{\lambda\mu} (\mathfrak{x}_i \times \xi_\mu \times \xi_\lambda) = 0$$

und die 3-Vektoren $(\mathfrak{x}_i \times \xi_\mu \times \xi_\lambda)$ sind linear unabhängig.

2. Sind die Kurven $u^2 = \text{const}$ gleichzeitig für alle λ λ-Krümmungslinien, so sind sie Asymptotenlinien. Denn aus

$$0 = c_1^{\lambda 2} = c_{11}^{\lambda} g^{12} + c_{12}^{\lambda} g^{22},$$

$$0 = c_1^{\mu 2} = c_{11}^{\mu} g^{12} + c_{12}^{\mu} g^{22}$$

folgt

$$\begin{vmatrix} c_{11}^{\lambda}, & c_{12}^{\lambda} \\ c_{11}^{\mu}, & c_{12}^{\mu} \end{vmatrix} = 0$$

und aus der Darstellung von $\mathfrak{H}_{ik}$ (S. 421) folgt $\mathfrak{H}_{11} = 0$. Ebenso folgt $\mathfrak{H}_{22} = 0$, wenn für alle λ $c_2^{\lambda 1} = 0$ ist.

3. Auf dieselben Kurven führt die Frage, längs welcher Kurven die Normal-E_{n-2} $\mathfrak{Y} = \xi_1 \times \xi_2 \times \ldots \times \xi_{n-2}$ Torsen bilden. (T 1) liefert, damit die Kurven $u^2 = \text{const}$ derartige Kurven sind, die Bedingungen

$$\mathfrak{x}_1 \times \xi_{\lambda,1} \times \xi_1 \times \ldots \times \xi_{n-2} = c_1^{\lambda 2} (\mathfrak{x}_1 \times \mathfrak{x}_2 \times \xi_1 \times \ldots \times \xi_{n-2}) = 0,$$

d. h.

$$c_1^{\lambda 2} = 0,$$

und zwar muß diese Gleichung gleichzeitig für alle λ erfüllt sein; die gesuchten Kurven sind also die Asymptotenlinien.

4. Die Frage, längs welcher Kurven die Tangentenebenen eine Torse bilden, führt ebenfalls auf die Asymtotenlinien. Für $\mathfrak{Y} = \mathfrak{x}_1 \times \mathfrak{x}_2$, $u^1 = s$, $u^2 = \text{const}$ ergibt (T 1) den Entartungsfall $\mathfrak{x}_1 \times \mathfrak{Y} = 0$, (T 2) ergibt

$$\mathfrak{x}_{11} \times \mathfrak{x}_{21} \times \mathfrak{x}_1 \times \mathfrak{x}_2 = 0 = \mathfrak{H}_{11}.$$

5. Ich führe folgende Bezeichnungen ein:

$$\overset{3}{\mathfrak{C}}_{ik} = \mathfrak{x}_{ik} \times \mathfrak{x}_1 \times \mathfrak{x}_2 = \mathfrak{x}_{ik} \times \mathfrak{P} = \mathfrak{P} \times \mathfrak{x}_{ik}.$$

Dann ist

$$\mathfrak{H}_{11} = \mathfrak{C}_{11} \times \mathfrak{x}_{21}, \qquad \mathfrak{H}_{22} = -\mathfrak{C}_{22} \times \mathfrak{x}_{12}.$$

$\mathfrak{C}_{11} = 0$ (bzw. $\mathfrak{C}_{22} = 0$) kennzeichnet die Kurven $u^2 = \text{const}$ (bzw. $u^1 = \text{const}$) als Haupttangentenkurven.

6. Die Asymptotenlinien lassen sich ferner kennzeichnen als diejenigen Kurven, längs denen die 2-Vektoren $\dot{\mathfrak{P}} = \frac{d\,\mathfrak{P}}{d\,t}$ (t ein Kurvenparameter) *einfache* 2-Vektoren sind. Es ist nämlich

$$\mathfrak{P}_i = (\mathfrak{x}_{1\,i} \times \mathfrak{x}_2) + (\mathfrak{x}_1 \times \mathfrak{x}_{2\,i}),$$

und daraus ergibt sich

$$\begin{aligned} \mathfrak{P}_1 \times \mathfrak{P}_1 &= -\,2\,\mathfrak{H}_{11}, \\ \mathfrak{P}_2 \times \mathfrak{P}_2 &= -\,2\,\mathfrak{H}_{22}, \\ (\mathfrak{P}_1 \times \mathfrak{P}_2) + (\mathfrak{P}_2 \times \mathfrak{P}_1) &= -\,2\,\mathfrak{H}_{12} \end{aligned}$$

(es ist $\mathfrak{H}_{21} = \mathfrak{x}_1 \times \mathfrak{x}_2 \times \mathfrak{x}_{12} \times \mathfrak{x}_{21} = 0$), so daß

$$\mathfrak{H}_{ik}\,\dot{u}^i\,\dot{u}^k = -\,\tfrac{1}{2}\,(\mathfrak{P}_i \times \mathfrak{P}_k)\,\dot{u}^i\,\dot{u}^k$$

ist. $\mathfrak{H}_{11} = 0$ bedeutet also, daß der 2-Vektor $\mathfrak{P}_1$ einfach ist.

§ 9.

Bemerkungen über Relativ-Geometrie.

Hier ließe sich eine Relativ-Geometrie von Flächen im E_n nach dem Vorbild von W. Süß [3] anschließen. Im E_3 geht man so vor, daß man das sphärische Bild einer Fläche, das ja auf die Fläche durch parallele Tangentenebenen bezogen ist, durch eine (konvexe) Fläche $\mathfrak{e}$ ersetzt, die man ebenfalls durch parallele Tangentenebenen auf die Fläche abbildet.

Hier bieten sich zwei Wege der Verallgemeinerung:

1. Die Gesamtheit der Normal-E_{n-2}: $\mathfrak{N} = \xi_1 \times \ldots \times \xi_{n-2}$ bildet eine Fläche im $E_{\binom{n}{n-2}}$. Für diese gilt $\mathfrak{N}_i \times \mathfrak{P} = 0$, und das kann man als Verallgemeinerung des Falles

$$n - 2 = 1; \quad \mathfrak{N} = \xi; \quad \xi_i \times \mathfrak{P} = 0$$

ansehen; hier im E_3 folgt die letzte Gleichung z. B. aus den Ableitungsgleichungen und bringt zum Ausdruck, daß jede Tangentenrichtung des sphärischen Bildes in die Tangentenebene des entsprechenden Flächenpunktes fällt. — Man hat dann $\mathfrak{N}$ zu ersetzen durch eine Eichfläche $\mathfrak{E}$, die man so auf die Fläche $\mathfrak{x}$ abgebildet denkt, daß $\mathfrak{E}_i \times \mathfrak{P} = 0$ ist. Die Kurven der Fläche $\mathfrak{x}$, längs denen die $\mathfrak{E}$ Torsen bilden, wären dann als R-Krümmungslinien zu bezeichnen usw.

2. Man betrachtet die von einem ξ_λ gebildete Fläche, (die auf der Einheitskugel des E_n liegt). Die Abbildung der Fläche $\mathfrak{x}$ auf die Fläche ξ_λ ist jedoch keine Abbildung durch parallele Tangentenebenen; es ist *nicht* $\xi_{\lambda,\,i} \times \mathfrak{P} = 0$, sondern, wenn man die Bezeichnung $\mathfrak{N}_\lambda = \xi_1 \times \ldots \times \xi_{\lambda-1} \times \xi_{\lambda+1} \times \ldots \times \xi_{n-2}$ einführt,

$$\xi_{\lambda,\,i} \times \mathfrak{P} \times \mathfrak{N}_\lambda = 0.$$

Mit dieser schwächeren Eigenschaft kann man sich begnügen. Man wird jetzt an die Stelle der Fläche ξ_λ eine Eichfläche $\mathfrak{e}$ setzen und $\mathfrak{e}$ so auf $\mathfrak{x}$ abbilden, daß mit dem oben eingeführten $\mathfrak{N}_\lambda$

$$\mathfrak{e}_i \times \mathfrak{P} \times \mathfrak{N}_\lambda = 0$$

wird. Man kann dann wieder R-Krümmungslinien einführen usw.

Beide Wege sollen verfolgt werden; Einzelheiten werden später im Zusammenhang mit dem Variationsproblem angegeben.

3. Kapitel.

Adjungierte Variationsprobleme und adjungierte Extremalflächen bei Doppelintegralen im E_n.

I. Einführung der adjungierten Extremalfläche und des adjungierten Variationsproblems (nach Berwald und Koschmieder).

§ 1.

Allgemeine Beziehungen.

Wir betrachten nur solche Variationsprobleme, die nur von den ersten Ableitungen der gesuchten Funktionen abhängen, also die Gestalt haben:

$$\iint f\left(\frac{\partial z_1}{\partial x}, \frac{\partial z_1}{\partial y}, \frac{\partial z_2}{\partial x}, \frac{\partial z_2}{\partial y}, \ldots, \frac{\partial z_{n-2}}{\partial y}\right) dx\, dy.$$

Der Übergang zur Parameterdarstellung liefert als Variationsintegral

$$\text{(V)} \qquad \iint F(\mathfrak{P})\, du^1\, du^2.$$

Die Komponenten von $\mathfrak{P} = \mathfrak{x}_1 \times \mathfrak{x}_2$ bezeichnen wir mit P_{ik}, den 2-Vektor mit den Komponenten $\frac{\partial F}{\partial P_{ik}}$ mit $F_{\mathfrak{P}}$, ebenso den Vektor, dessen Komponenten die Ableitungen von F nach den Komponenten von $\mathfrak{x}_i$ sind, mit $F_{\mathfrak{x}_i}$.

Aus der Forderung der Unabhängigkeit von der Parameterwahl folgen die Homogenitätsbeziehungen

$$P_{ik} \frac{\partial F}{\partial P_{ik}} = \mathfrak{P} \cdot F_{\mathfrak{P}} = F.$$

Die Eulerschen Differentialgleichungen sind

$$\text{(E)} \qquad \frac{\partial}{\partial u^1}(F_{\mathfrak{x}_1}) + \frac{\partial}{\partial u^2}(F_{\mathfrak{x}_2}) = 0.$$

Nun ist $F_{\mathfrak{x}_1} = \mathfrak{x}_2 F_{\mathfrak{P}}$, $F_{\mathfrak{x}_2} = -\mathfrak{x}_1 \cdot F_{\mathfrak{P}}$, wie man am sichersten durch Aufschreiben der Komponenten nachrechnet. (E) geht somit über in:

$$\text{(E')} \qquad \frac{\partial}{\partial u^1}(\mathfrak{x}_2 F_{\mathfrak{P}}) = \frac{\partial}{\partial u^2}(\mathfrak{x}_1 F_{\mathfrak{P}}).$$

Dies sind gerade die Integrabilitätsbedingungen für die Differentialgleichungen

$$(\bar{\mathrm{X}}) \qquad \bar{\mathfrak{x}}_i = \mathfrak{x}_i F_{\mathfrak{P}}\,[7]).$$

Jeder Extremalfläche des Variationsproblems (V) ist also eine Fläche $\bar{\mathfrak{x}}$ „adjungiert", die durch Quadraturen bestimmt werden kann. Sie wird sich als Extremalfläche des jetzt einzuführenden „adjungierten Variationsproblems" erweisen. Dieses erhalten wir auf folgendem Wege: Wir stellen zu (V) die Indikatrix- und die Figuratrixfläche her und fragen nach einem solchen Variationsproblem, für welches diese beiden Flächen ihre Rollen vertauschen.

§ 2.

Die Figuratrix.

Die Indikatrix $\mathfrak{Y}$ ist bestimmt durch die Gleichung

$$(\mathrm{Y}) \qquad F(\mathfrak{Y}) = 1, \quad \text{d. h.} \quad \mathfrak{Y} = \frac{1}{F}\,\mathfrak{P}.$$

Die Figuratrix $\mathfrak{E}$ wird als polarreziprok zu $\mathfrak{Y}$ bezüglich der Einheitskugel definiert durch die Gleichungen

$$(\mathrm{YE}) \qquad \mathfrak{Y}\,\mathfrak{E} = 1, \quad \mathfrak{Y}_i \cdot \mathfrak{E} = 0 \qquad \left(\mathfrak{Y}_i = \frac{\partial \mathfrak{Y}}{\partial u^i}\right).$$

Daraus folgt:

$$\mathfrak{Y} \cdot \mathfrak{E}_i = 0.$$

$\mathfrak{E} = F_{\mathfrak{P}}$ erfüllt diese Gleichungen; die letzte folgt z. B. daraus, daß $\dfrac{\partial}{\partial u^i}(F_{\mathfrak{P}}) = (F_i)_{\mathfrak{P}}$ und F_i homogen 0-ter Ordnung in $\mathfrak{P}$ ist. Aber $\mathfrak{E}$ ist dadurch nicht eindeutig bestimmt. Ist z. B.

$$\mathfrak{Y}^* = \mathfrak{y}_1 \times \ldots \times \mathfrak{y}_{n-2},$$

so erfüllt z. B. auch

$$\hat{\mathfrak{E}} = F_{\mathfrak{P}} + \sum_{i,k=1}^{n-2} y_{ik}\,(\mathfrak{y}_i \times \mathfrak{y}_k)$$

mit beliebigen Zahlen y_{ik} die Gleichungen (YE). Wir wollen das dazu benutzen, um $\mathfrak{E}$ noch die Bedingung aufzuerlegen, daß $\mathfrak{E}$ einfach sein soll. Die notwendige und hinreichende Bedingung dafür ist (s. S. 413) $\mathfrak{E} \times \mathfrak{E} = 0$. Ferner wollen wir nachher $\bar{\mathfrak{x}}_i = \mathfrak{x}_i \cdot \mathfrak{E}$ setzen. Dazu muß $\mathfrak{E}$ noch die Gleichung erfüllen:

$$\frac{\partial}{\partial u^1}(\mathfrak{x}_2\,\mathfrak{E}) = \frac{\partial}{\partial u^2}(\mathfrak{x}_1\,\mathfrak{E}).$$

---

[7]) Daran liegt es, daß sich die hier durchgeführte Theorie nicht auf m-dimensionale ($m > 2$) Flächen ausdehnen läßt. Die Eulerschen Differentialgleichungen sind dann nicht mehr die entsprechenden Integrierbarkeitsbedingungen.

Die Gleichungen, denen $\mathfrak{E}$ genügen soll, sind also (YE), $\mathfrak{E}\times\mathfrak{E} = 0$ und die eben angeschriebene. Wir wollen zeigen, daß sich (mindestens) ein solcher 2-Vektor $\mathfrak{E}$ stets finden läßt. Dazu setzen wir an

$$\mathfrak{E} = F_{\mathfrak{P}} + \mathfrak{G}.$$

Dann ergeben sich für $\mathfrak{G}$ die Bedingungen

1. $\mathfrak{G}\cdot\mathfrak{Y} = 0$ bzw. $\mathfrak{G}\cdot\mathfrak{P} = 0$ oder $\underline{\mathfrak{G}\times\mathfrak{P}^* = 0}$.

2. $\mathfrak{G}\cdot\mathfrak{Y}_i = 0$, das ist $= \mathfrak{G}\cdot\mathfrak{P}\cdot\frac{\partial}{\partial u^i}\left(\frac{1}{F}\right) + \mathfrak{G}\cdot\mathfrak{P}_i\cdot\frac{1}{F} = 0$,

also $\underline{\mathfrak{G}\times\mathfrak{P}_i^* = 0}$ [8]).

3. $$\frac{\partial}{\partial u^1}(\mathfrak{x}_2\,\mathfrak{G}) = \frac{\partial}{\partial u^2}(\mathfrak{x}_1\,\mathfrak{G}).$$

Wir zerlegen die 2-Vektoren in dem Koordinatensystem $\mathfrak{x}_1, \mathfrak{x}_2, \xi_1, \ldots, \xi_{n-2}$ in Komponenten nach folgendem Schema

$$F_{\mathfrak{P}} = F_0(\mathfrak{x}_1\times\mathfrak{x}_2) + F_{1\varrho}(\mathfrak{x}_1\times\xi_\varrho) + F_{2\varrho}(\mathfrak{x}_2\times\xi_\varrho) + F_{\varrho\sigma}(\xi_\varrho\times\xi_\sigma)\ ^{9)}.$$

Es ist

$$\mathfrak{P} = (\mathfrak{x}_1\times\mathfrak{x}_2), \quad \mathfrak{P}^* = \sqrt{g}\,(\xi_1\times\ldots\times\xi_{n-2}),$$

$$\mathfrak{P}_i^* = (\sqrt{g})_i(\xi_1\times\ldots\times\xi_{n-2}) + \sqrt{g}(\xi_{1,i}\times\ldots) + \ldots + \sqrt{g}(\ldots\times\xi_{n-2,i}).$$

Für die Komponenten von $\mathfrak{G}$ ergibt sich aus 1. $G_0 = 0$, 3. ist am einfachsten erfüllt, wenn alle $G_{1\varrho} = G_{2\varrho} = 0$ gesetzt werden, und damit ist zugleich auch 2. erfüllt. Wir fragen, ob sich die allein noch übrigen $G_{\varrho\sigma}$ so bestimmen lassen, daß $\mathfrak{E}\times\mathfrak{E} = 0$ wird.

$$\begin{aligned}\mathfrak{E}\times\mathfrak{E} = {} & (\mathfrak{x}_1\times\mathfrak{x}_2\times\xi_\varrho\times\xi_\sigma)\,(E_0\;E_{\varrho\sigma} - E_{1\varrho}E_{2\sigma} + E_{1\sigma}E_{2\varrho}) \\ & + (\mathfrak{x}_1\times\xi_\varrho\times\xi_\sigma\times\xi_\tau)\,(E_{1\varrho}E_{\sigma\tau} - E_{1\sigma}E_{\varrho\tau} + E_{1\tau}E_{\varrho\sigma}) \\ & + (\mathfrak{x}_2\times\xi_\varrho\times\xi_\sigma\times\xi_\tau)\,(E_{2\varrho}E_{\sigma\tau} - E_{2\sigma}E_{\varrho\tau} + E_{2\tau}E_{\varrho\sigma}) \\ & + (\xi_\varrho\times\xi_\sigma\times\xi_\tau\times\xi_\nu)\,(E_{\varrho\sigma}E_{\tau\nu} - E_{\varrho\tau}E_{\sigma\nu} + E_{\varrho\nu}E_{\sigma\tau}) = 0.\end{aligned}$$

Da die hingeschriebenen 4-Vektoren linear unabhängig sind, müssen ihre Koeffizienten einzeln verschwinden. Der erste ergibt:

$$E_{\varrho\sigma} = \frac{1}{E_0}(E_{1\varrho}E_{2\sigma} - E_{1\sigma}E_{2\varrho}).$$

---

[8]) Aus der Definition der Ergänzung folgt

$$\left(\frac{\partial\,\mathfrak{P}}{\partial u^i}\right)^* = \frac{\partial\,\mathfrak{P}^*}{\partial u^i},$$

so daß dafür ohne Bedenken $\mathfrak{P}_i^*$ geschrieben werden kann.

[9]) Dabei ist z. B. $F_{1\sigma} \neq F_{\varrho\sigma}$ für $\varrho = 1$.

Trägt man diese Werte $E_{\varrho\sigma}$ in die übrigen Koeffizienten ein, so verschwinden diese.

Man hat nun nur noch $E_0 = F_0$, $E_{1\varrho} = F_{1\varrho}$, $E_{2\varrho} = F_{2\varrho}$, $E_{\varrho\sigma} = F_{\varrho\sigma} + G_{\varrho\sigma}$ einzutragen; das liefert

$$G_{\varrho\sigma} = -F_{\varrho\sigma} + \frac{1}{F_0}(F_{1\varrho}F_{2\sigma} - F_{1\sigma}F_{2\varrho}).$$

Damit ist $\mathfrak{G}$ so bestimmt, daß $\mathfrak{E}$ die verlangten Eigenschaften hat.

Eine weitere Frage, die für Späteres von Belang ist, ist die, ob dem 2-Vektor $\mathfrak{E}$ noch die Bedingung $\mathfrak{E}\times\mathfrak{P} = 0$ auferlegt werden kann. Es ist

$$\mathfrak{E}\times\mathfrak{P} = E_{\varrho\sigma}(\xi_\varrho\times\xi_\sigma\times\mathfrak{x}_1\times\mathfrak{x}_2),$$

es müßten also alle $E_{\varrho\sigma} = 0$ werden. Bei unserer Wahl $G_{1\varrho} = G_{2\varrho} = 0$ ergibt das

$$F_{1\varrho}F_{2\sigma} - F_{1\sigma}F_{2\varrho} = 0,$$

also eine Bedingung für das Variationsproblem. Die Frage, ob sich $\mathfrak{E}\times\mathfrak{P} = 0$ erreichen läßt, wenn man nicht von vornherein $G_{1\varrho} = G_{2\varrho} = 0$ wählt, bleibt offen.

Die Forderung, daß $\mathfrak{E}$ einfach ist, ist für die spätere Rechnung notwendig. Koschmieder geht so vor: er fordert, daß $F_{\mathfrak{P}}$ einfach ist, und setzt $\mathfrak{E} = F_{\mathfrak{P}}$. Für den Fall $n - 4$ hat H. Kneser (Fußnote 11 der Arbeit von Koschmieder) gezeigt, daß die Forderung $F_{\mathfrak{P}}\times F_{\mathfrak{P}} = 0$ keine wesentliche Einschränkung für das Variationsproblem bedeutet, und zwar auf folgendem Wege: $\mathfrak{P}$ unterliegt der Bedingung $\mathfrak{P}\times\mathfrak{P} = 0$. Das ist im Falle $n = 4$ eine quadratische Gleichung für die Komponenten von $\mathfrak{P}$. Deutet man $\mathfrak{P}$ als Vektor im 6-dimensionalen Raume, so wird durch diese Gleichung ein Kegel bestimmt. Nun interessiert von F nur das Verhalten auf diesem Kegel; denn nur diejenigen Stücke der Lösungen $\mathfrak{P}$, die auf diesem Kegel liegen, liefern die Extremalflächen des E_4. Ist nun $F(\mathfrak{P})$ im 6-dimensionalen Raume gegeben, so läßt sich, wie Kneser zeigt, eine Funktion $G(\mathfrak{P})$ so finden, daß auf dem Kegel $F = G$ und dort auch $G_{\mathfrak{P}}\times G_{\mathfrak{P}} = 0$ ist; es kann also an Stelle des Variationsproblems mit der Integrandenfunktion F das mit der Integrandenfunktion G betrachtet werden.

Auf den Fall des E_n wäre das folgendermaßen zu übertragen: $\mathfrak{P}\times\mathfrak{P} = 0$ bedeutet jetzt $N = \binom{n}{4}$ Gleichungen für die Komponenten des 4-Vektors $\mathfrak{P}\times\mathfrak{P}$, die mit $\{\mathfrak{P}\times\mathfrak{P}\}_M$ bezeichnet seien. Jeder der Gleichungen $\{\mathfrak{P}\times\mathfrak{P}\}_M = 0$ ist eine bestimmte Gleichung $\{F_{\mathfrak{P}}\times F_{\mathfrak{P}}\}_M = 0$ zugeordnet, nämlich die, in der dieselben P_{ik} verwandt sind.

Man bestimme F^1 so, daß auf dem Kegel $\{\mathfrak{P}\times\mathfrak{P}\}_1 = 0$

$$F^1 = F \quad \text{und} \quad F^1_{\mathfrak{P}}\times F^1_{\mathfrak{P}} = 0$$

wird, dann F^2 so, daß auf dem Kegel $\{\mathfrak{P}\times\mathfrak{P}\}_2 = 0$

$$F^2 = F^1 \quad \text{und} \quad F^2_{\mathfrak{P}}\times F^2_{\mathfrak{P}} = 0$$

wird, usw. Schließlich wird F^N auf dem Durchschnitt aller Kegel $\{\mathfrak{P}\times\mathfrak{P}\}_M = 0$ mit F übereinstimmen, und es wird dort $F^N_{\mathfrak{P}}\times F^N_{\mathfrak{P}} = 0$ sein.

§ 3.

Das adjungierte Variationsproblem.

1. Man kann rein formal definieren: Das Variationsproblem

$$(\overline{\mathrm{V}}) \qquad \iint \bar{F}(\mathfrak{Q})\,d u^1\,d u^2 = \text{Extr.}, \qquad \mathfrak{Q} = \mathfrak{z}_1 \times \mathfrak{z}_2,$$

heißt zu (V) adjungiert, wenn ($\bar{F}(\mathfrak{Q})$ in $\mathfrak{Q}$ homogen erster Ordnung und)

$$\bar{F}_{\mathfrak{Q}} = \mathfrak{Y}$$

ist. Aus der Homogenität folgt

$$\bar{F} = \mathfrak{Q}\cdot\bar{F}_{\mathfrak{Q}} = \mathfrak{Q}\cdot\mathfrak{Y},$$

und die Eulerschen Differentialgleichungen sind

$$(\overline{\mathrm{E}}) \qquad \frac{\partial}{\partial u^1}(\mathfrak{z}_2\,\mathfrak{Y}) = \frac{\partial}{\partial u^2}(\mathfrak{z}_1\,\mathfrak{Y}).$$

Wir behaupten: sie sind für $\mathfrak{z}_i = \bar{\mathfrak{x}}_i = \mathfrak{x}_i\cdot\mathfrak{E}$ erfüllt, d. h. $\mathfrak{x}$ ist Extremalfläche von $(\overline{\mathrm{V}})$.

Wir berechnen

$$\bar{\mathfrak{x}}_1\,\mathfrak{Y} = \frac{1}{F}\cdot\bar{\mathfrak{x}}_1\,\mathfrak{P}.$$

Nach (S) (s. S. 414) ist

$$\bar{\mathfrak{x}}_1\,\mathfrak{P} = (\bar{\mathfrak{x}}_1\times\mathfrak{P}^*)^* = \bar{\mathfrak{x}}_1^*\overset{R}{\times}\mathfrak{P} = \bar{\mathfrak{x}}_1^*\overset{R}{\times}(\mathfrak{x}_1\times\mathfrak{x}_2)$$

und nach der Zerlegungsformel

$$= -(\bar{\mathfrak{x}}_1^*\times\mathfrak{x}_1)^*\,\mathfrak{x}_2 + (\bar{\mathfrak{x}}_1^*\times\mathfrak{x}_2)\,\mathfrak{x}_1,$$

also schließlich

$$\bar{\mathfrak{x}}_1\,\mathfrak{P} = (\bar{\mathfrak{x}}_1\,\mathfrak{x}_2)\,\mathfrak{x}_1 - (\bar{\mathfrak{x}}_1\,\mathfrak{x}_1)\,\mathfrak{x}_2.$$

Nach $(\overline{\mathrm{X}})$, S. 429, und (S 2), S. 415, ist

$$(\mathrm{O}) \qquad \begin{cases} \bar{\mathfrak{x}}_1\,\mathfrak{x}_1 = \mathfrak{x}_1\,\bar{\mathfrak{x}}_1 = \mathfrak{x}_1\,(\mathfrak{x}_1\,\mathfrak{E}) = \pm\,(\mathfrak{x}_1\times\mathfrak{x}_1)\mathfrak{E} = 0 \\ \text{und} \\ \bar{\mathfrak{x}}_1\,\mathfrak{x}_2 = \mathfrak{x}_2\,\bar{\mathfrak{x}}_1 = (-1)^{n-2}\,(\mathfrak{x}_2\times\mathfrak{x}_1)\,\mathfrak{E} = (-1)^{n-1}\,\mathfrak{P}\,\mathfrak{E} = (-1)^{n-1}\,F, \end{cases}$$

also

$$(\overline{\mathrm{X}}') \qquad \bar{\mathfrak{x}}_1\,\mathfrak{Y} = (-1)^{n-1}\,\mathfrak{x}_1 \quad \text{und ebenso} \quad \bar{\mathfrak{x}}_2\,\mathfrak{Y} = (-1)^{n-1}\,\mathfrak{x}_2.$$

Daraus folgt, daß die Gleichungen $(\overline{\mathrm{E}})$ erfüllt sind, w. z. b. w.

Aus (O) folgt ferner

$$\bar{\mathfrak{x}}_1\,\mathfrak{x}_1 = 0, \quad \bar{\mathfrak{x}}_2\,\mathfrak{x}_2 = 0, \quad \bar{\mathfrak{x}}_1\,\mathfrak{x}_2 + \bar{\mathfrak{x}}_2\,\mathfrak{x}_1 = 0,$$

d. h. *auf den Flächen* $\mathfrak{x}$ *und* $\bar{\mathfrak{x}}$ *stehen entsprechende Linienelemente aufeinander senkrecht.*

2. Es ist ferner $F(\mathfrak{P}) = \bar{F}(\bar{\mathfrak{P}})$.

Um das festzustellen, berechnen wir $\bar{\mathfrak{P}}$:

$$\bar{\mathfrak{P}} = (\mathfrak{x}_1 \mathfrak{E}) \times (\mathfrak{x}_2 \mathfrak{E}) = [(\mathfrak{x}_1 \mathfrak{E})^* \overset{R}{\times} (\mathfrak{x}_2 \mathfrak{E})^*]^* = [(\mathfrak{x}_1 \mathfrak{E})^* \overset{R}{\times} (\mathfrak{x}_2 \times \mathfrak{E}^*)]^*.$$

Hierauf wenden wir die Zerlegungsformel an; dazu muß $\mathfrak{E}^*$ als einfach vorausgesetzt werden; $\mathfrak{E}^*$ ist einfach, wenn $\mathfrak{E}$ einfach ist.

Sei

$$\mathfrak{E}^* = \mathfrak{e}_1 \times \ldots \times \mathfrak{e}_{n-2},$$

dann ist

$$(\mathfrak{x}_1 \mathfrak{E})^* \times \mathfrak{e}_i = \mathfrak{x}_1 \times \mathfrak{e}_1 \times \ldots \times \mathfrak{e}_{n-2} \times \mathfrak{e}_i = 0,$$

also wird

$$\bar{\mathfrak{P}} = (-1)^{n-2} [((\mathfrak{x}_1 \mathfrak{E})^* \times \mathfrak{x}_2)^* \mathfrak{E}^*]^*,$$

$$\bar{\mathfrak{P}} = (-1)^{n-2} (\mathfrak{x}_1 \times \mathfrak{E}^* \times \mathfrak{x}_2)^* \mathfrak{E} = (\mathfrak{P}\mathfrak{E})\,\mathfrak{E},$$

$$(\bar{\mathrm{P}}) \qquad \bar{\mathfrak{P}} = F \cdot \mathfrak{E}.$$

Einsetzen in $\bar{F}(\bar{\mathfrak{P}}) = \bar{\mathfrak{P}} \cdot \mathfrak{Y}$ ergibt die Behauptung.

3. Wesentlich konkreter ist das Verfahren, das Koschmieder benutzt, um das adjungierte Variationsproblem zu ermitteln; es setzt allerdings $\mathfrak{E} = F_{\mathfrak{P}}$ voraus, was bisher nicht benutzt wurde.

Koschmieder geht aus von dem Gleichungssystem $(\bar{\mathrm{P}})$. Die rechte Seite ist abhängig von $\mathfrak{P}$. Man denke nun dieses Gleichungssystem nach den $\mathfrak{P}$ aufgelöst und erhält

$$\mathfrak{P} = \Phi(\bar{\mathfrak{P}}).$$

Trägt man das in $F(\mathfrak{P})$ ein, so erhält man

$$F(\mathfrak{P}) = F(\Phi(\bar{\mathfrak{P}})) = \bar{F}(\bar{\mathfrak{P}});$$

hierdurch ist $\bar{F}$ definiert.

Es ist zu zeigen:

1. $\bar{F}(\bar{\mathfrak{P}})$ ist in $\bar{\mathfrak{P}}$ homogen erster Ordnung.
2. $\bar{\mathfrak{x}}$ ist Extremalfläche von $\iint \bar{F}(\bar{\mathfrak{P}})\, du^1\, du^2 = \text{Extr.}$

Aus $F = \mathfrak{P}\mathfrak{E}$ folgt, daß $\mathfrak{E}$ homogen 0-ter Ordnung in $\mathfrak{P}$ ist, somit folgt aus $(\bar{\mathrm{P}})$, daß $\bar{\mathfrak{P}}$ homogen erster Ordnung in $\mathfrak{P}$ ist. Also ist

$$\bar{F}(k \cdot \bar{\mathfrak{P}}) = F(k \cdot \Phi(\bar{\mathfrak{P}})) = k \cdot F(\mathfrak{P}) = k \cdot \bar{F}(\bar{\mathfrak{P}}), \qquad \text{w. z. b. w.}$$

Zum Beweis der zweiten Behauptung genügt es, zu zeigen, daß $\bar{F}_{\bar{\mathfrak{P}}} = \mathfrak{Y}$ ist. Der Deutlichkeit halber muß jetzt in Komponenten geschrieben werden.

Aus $(\bar{\mathrm{P}})$ folgt

$$\bar{\mathfrak{P}}\mathfrak{Y} = F, \text{ d. h. } \bar{P}_{ik} Y_{ik} = F = \bar{F},$$

also ist

$$\frac{\partial \bar{F}}{\partial \bar{P}_{ij}} = Y_{ij} + \bar{P}_{kl} \frac{\partial Y_{kl}}{\partial \bar{P}_{ij}}. \tag{1}$$

Nun war

$$Y_{kl} = \frac{P_{kl}}{F},$$

also ist

$$\frac{\partial Y_{kl}}{\partial \bar{P}_{ij}} \cdot \bar{P}_{kl} = \frac{\bar{P}_{kl}}{F} \cdot \frac{\partial P_{kl}}{\partial \bar{P}_{ij}} - \frac{\bar{P}_{kl} \cdot P_{kl}}{F^2} \cdot \frac{\partial \bar{F}}{\partial \bar{P}_{ij}}. \tag{2}$$

Aus $(\bar{\mathrm{P}})$ folgt weiter:

$$\bar{P}_{kl} \cdot P_{kl} = F^2; \tag{3}$$

Ferner ist

$$\frac{\partial \bar{F}}{\partial \bar{P}_{ij}} = \frac{\partial F}{\partial P_{kl}} \frac{\partial P_{kl}}{\partial \bar{P}_{ij}} \tag{4}$$

und wegen $(\bar{\mathrm{P}})$ und $F_{\mathfrak{P}} = \mathfrak{E}$ (!)

$$\frac{\partial F}{\partial P_{kl}} = E_{kl} = \frac{\bar{P}_{kl}}{F}.$$

Trägt man dies in (4) und dann $\frac{\partial \bar{F}}{\partial \bar{P}_{ij}}$ aus (4), ferner (3) in (2) ein, so erhält man

$$\bar{P}_{kl} \frac{\partial Y_{kl}}{\partial \bar{P}_{ij}} = 0$$

und damit aus (1) $\bar{F}_{\bar{\mathfrak{P}}} = \mathfrak{Y}$, w. z. b. w.

II. Relativgeometrie bezüglich $\mathfrak{E}^*$.

§ 4.

Die „parallele“ Zuordnung.

Im E_3 ist $\mathfrak{E}^* = \mathfrak{n}$ ein 1-Vektor, und die Endpunkte der Vektoren $\mathfrak{n}(u^1, u^2)$ erzeugen eine Fläche, die der Fläche $\mathfrak{x}$ durch parallele Tangentenebenen zugeordnet ist; das wird ausgedrückt durch die Gleichungen

$$\mathfrak{n}_i \times \mathfrak{P} = 0.$$

Jetzt tritt an die Stelle der Fläche $\mathfrak{n}$ eine zweiparametrige Schar von $(n-2)$-Vektoren $\mathfrak{E}^*(u^1, u^2)$, die man als Fläche im $E_{\binom{n}{n-2}}$ deuten kann. Eine Art paralleler Zuordnung zwischen $\mathfrak{x}$ und $\mathfrak{E}^*$ besteht darin, daß

$$\mathfrak{E}^*_i \times \mathfrak{P} = 0$$

ist. Das folgt aus

$$\mathfrak{E}_i \cdot \mathfrak{Y} = 0.$$

Im dreidimensionalen Falle kann man dann $\mathfrak{n}_i$ in der Form darstellen

$$\mathfrak{n}_i = b_i^k\, \mathfrak{x}_k .$$

Diese Darstellung läßt sich in der Weise verallgemeinern, daß an die Stelle der Skalare b_i^k vier $(n-3)$-Vektoren $\mathfrak{B}_i^k$ treten. Ich behaupte: $\mathfrak{E}_i^*$ läßt sich darstellen in der Form

$$\text{(B)} \qquad \mathfrak{E}_i^* = \mathfrak{B}_i^k \times \mathfrak{x}_k .$$

Sei

$$\mathfrak{E}^* = \mathfrak{e}_1 \times \ldots \times \mathfrak{e}_{n-2} .$$

Es ist $(\mathfrak{E}^* \times \mathfrak{P})^* = F \neq 0$, also sind die Vektoren $\mathfrak{x}_1, \mathfrak{x}_2, \mathfrak{e}_\varrho$ ($\varrho = 1, \ldots, n-2$) linear unabhängig. In diesem Koordinatensystem zerlegen wir $\mathfrak{E}_i^*$ in Komponenten. Dazu setzen wir

$$\mathfrak{E}_\varrho^* = \mathfrak{e}_1 \times \ldots \times \mathfrak{e}_{\varrho-1} \times \mathfrak{e}_{\varrho+1} \times \ldots \times \mathfrak{e}_{n-2} ,$$
$$\mathfrak{E}_{\varrho\sigma}^* = \mathfrak{e}_1 \times \ldots \times \mathfrak{e}_{\varrho-1} \times \mathfrak{e}_{\varrho+1} \times \ldots \times \mathfrak{e}_{\sigma-1} \times \mathfrak{e}_{\sigma+1} \times \ldots \times \mathfrak{e}_{n-2} .$$

Dann läßt sich mit einer nur an dieser Stelle benutzten Bezeichnungsweise $\mathfrak{E}_i^*$ so schreiben:

$$\mathfrak{E}_i^* = E_i \cdot \mathfrak{E}^* + E_{i\varrho}^1 (\mathfrak{E}_\varrho^* \times \mathfrak{x}_1) + E_{i\varrho}^2 (\mathfrak{E}_\varrho^* \times \mathfrak{x}_2) + E_{i\varrho\sigma} (\mathfrak{E}_{\varrho\sigma}^* \times \mathfrak{x}_1 \times \mathfrak{x}_2).$$

(Über griechische Zeiger ist von 1 bis $n-2$ zu summieren.) Aus $\mathfrak{E}_i^* \times \mathfrak{P} = 0$ folgt $E_i = 0$. Wir können also z. B.

$$\mathfrak{B}_i^1 = E_{i\varrho}^1 \mathfrak{E}_\varrho^* - \tfrac{1}{2} E_{i\varrho\sigma} (\mathfrak{E}_{\varrho\sigma}^* \times \mathfrak{x}_2),$$
$$\mathfrak{B}_i^2 = E_{i\varrho}^2 \mathfrak{E}_\varrho^* + \tfrac{1}{2} E_{i\varrho\sigma} (\mathfrak{E}_{\varrho\sigma}^* \times \mathfrak{x}_1)$$

setzen.

Trägt man die Werte $\mathfrak{E}_i^*$ aus (B) in die Eulerschen Differentialgleichungen

$$\mathfrak{x}_1 \mathfrak{E}_2 - \mathfrak{x}_2 \mathfrak{E}_1 = (\mathfrak{E}_2^* \times \mathfrak{x}_1) - (\mathfrak{E}_1^* \times \mathfrak{x}_2) = 0$$

ein, so erhält man

$$(\mathfrak{B}_1^1 + \mathfrak{B}_2^2) \times \mathfrak{P} = 0.$$

In dem Sonderfall des Variationsproblems der Oberfläche von Flächen im E_3 drückt diese Gleichung *das Verschwinden der mittleren Krümmung* aus.

§ 5.

Einander entsprechende Kurven.

1. Auf $\mathfrak{x}$ wurden in Kap. 2, § 8, die Tensoren eingeführt

$$\mathfrak{C}_{ik} = \mathfrak{x}_{ik} \times \mathfrak{P} = -\, \mathfrak{x}_i \times \mathfrak{P}_k .$$

Ich führe entsprechend für die Fläche $\mathfrak{E}^*$ ein

$$B_{ik} = \mathfrak{E}_{ik}^* \times \mathfrak{P} = -\, \mathfrak{E}_i^* \times \mathfrak{P}_k .$$

(Es ist $\mathfrak{C}_{ik} = \mathfrak{C}_{ki}$, $B_{ik} = B_{ki}$.)

Nun ist

$$\mathfrak{C}^*_{ik} = \frac{\partial}{\partial u^k}(\mathfrak{B}^l_i)\times\mathfrak{x}_l + \mathfrak{B}^l_i\times\mathfrak{x}_{lk},$$

also

$$B_{ik} = \mathfrak{B}^l_i\times\mathfrak{C}_{lk},$$

ausgeschrieben z. B.

$$B_{12} = \mathfrak{B}^1_1\times\mathfrak{C}_{12} + \mathfrak{B}^2_1\times\mathfrak{C}_{22}$$

$$B_{21} = \mathfrak{B}^1_2\times\mathfrak{C}_{11} + \mathfrak{B}^2_2\times\mathfrak{C}_{21}.$$

Hieraus folgt: Ist $\mathfrak{C}_{11} = \mathfrak{C}_{22} = 0$, so ist

$$B_{12} + B_{21} = 2\,B_{12} = (\mathfrak{B}^1_1 + \mathfrak{B}^2_2)\times\mathfrak{C}_{12} = (\mathfrak{B}^1_1 + \mathfrak{B}^2_2)\times\mathfrak{P}\times\mathfrak{x}_{12} = 0,$$

d. h. *den Haupttangentenkurven auf* $\mathfrak{x}$ *entsprechen auf* $\mathfrak{E}^*$ *Kurven, die bezüglich der Form* $B_{ik}\,\dot{u}^i\,\dot{u}^k$ *konjugiert sind.*

2. Für die Fläche $\bar{\mathfrak{x}}$ berechnet man die Größen $\bar{\mathfrak{C}}_{ik} = \bar{\mathfrak{x}}_{ik}\times\bar{\mathfrak{P}}$ folgendermaßen: Es ist

$$\bar{\mathfrak{x}}_{ik} = \mathfrak{x}_{ik}\,\mathfrak{E} + \mathfrak{x}_i\,\mathfrak{E}_k$$

nach (X).

$$(\mathfrak{x}_{ik}\,\mathfrak{E})\times\bar{\mathfrak{P}} = \frac{1}{F}(\mathfrak{x}_{ik}\,\bar{\mathfrak{P}})\times\bar{\mathfrak{P}} = \frac{1}{F}[(\mathfrak{x}_{ik}\,\bar{\mathfrak{x}}_2)\,\bar{\mathfrak{x}}_1 - (\mathfrak{x}_{ik}\,\bar{\mathfrak{x}}_1)\,\bar{\mathfrak{x}}_2]\times(\bar{\mathfrak{x}}_1\times\bar{\mathfrak{x}}_2) = 0;$$

also ist

$$\bar{\mathfrak{C}}_{ik} = ((\mathfrak{x}_i\mathfrak{E}_k)\times\mathfrak{E})\cdot F.$$

Daraus ergibt sich, wie wir jetzt zeigen wollen: *Den Haupttangentenkurven auf* $\bar{\mathfrak{x}}$ *entsprechen auf* $\mathfrak{x}$ *diejenigen Kurven, längs denen die* $\mathfrak{E}^*$ *Torsen bilden*; und umgekehrt.

Beweis. Sei $\bar{\mathfrak{C}}_{11} = 0$, d. h. $(\mathfrak{x}_1\times\mathfrak{E}^*_1)\overset{R}{\times}\mathfrak{E}^* = 0$. Zur Vereinfachung der Schreibweise führe ich den Fall $n = 4$ durch. Sei also

$$\mathfrak{E}^* = \mathfrak{e}_1\times\mathfrak{e}_2,$$

dann ist

$$\mathfrak{E}^*_1 = (\mathfrak{e}_{1,1}\times\mathfrak{e}_2) + (\mathfrak{e}_1\times\mathfrak{e}_{2,1}),$$

$$\mathfrak{x}_1\times\mathfrak{E}^*_1 = (\mathfrak{x}_1\times\mathfrak{e}_{1,1}\times\mathfrak{e}_2) + (\mathfrak{x}_1\times\mathfrak{e}_1\times\mathfrak{e}_{2,1})$$

und nach der Zerlegungsformel

$$(\mathfrak{x}_1\times\mathfrak{E}^*_1)\overset{R}{\times}\mathfrak{E}^* = -(\mathfrak{x}_1\times\mathfrak{e}_{1,1}\times\mathfrak{e}_2\times\mathfrak{e}_1)^*\,\mathfrak{e}_2 + (\mathfrak{x}_1\times\mathfrak{e}_1\times\mathfrak{e}_{2,1}\times\mathfrak{e}_2)^*\,\mathfrak{e}_1,$$

und da $\mathfrak{e}_1$, $\mathfrak{e}_2$ linear unabhängig sind, folgt hieraus (T 1) für $\mathfrak{E}^*$. Die Bedingung (T 1) ist hier hinreichend; denn aus $\mathfrak{x}_1\times\mathfrak{E}^* = 0$ würde $\mathfrak{x}_1\mathfrak{E} = 0$ und somit $\mathfrak{x}_2\,(\mathfrak{x}_1\mathfrak{E}) = -\mathfrak{P}\mathfrak{E} = -F = 0$ folgen.

3. Im 2. Kap., § 8, 6. waren die Asymptotenlinien von $\mathfrak{x}$ gekennzeichnet als diejenigen Kurven, längs denen die 2-Vektoren $\mathfrak{P}$ einfach sind. Fragt man nach denjenigen Kurven von $\mathfrak{x}$, längs denen die $\dot{\mathfrak{E}}$ einfach sind, so ergibt sich aus $\mathfrak{E} = \frac{1}{F}(\bar{\mathfrak{x}}_1 \times \bar{\mathfrak{x}}_2)$:

$$\mathfrak{E}_1 \times \mathfrak{E}_1 = \frac{2}{F^2}(\bar{\mathfrak{x}}_{11} \times \bar{\mathfrak{x}}_2 \times \bar{\mathfrak{x}}_1 \times \bar{\mathfrak{x}}_{21}) = -\frac{2}{F^2}\bar{\mathfrak{H}}_{11};$$

aus $\mathfrak{E}_1 \times \mathfrak{E}_1 = 0$ folgt also $\bar{\mathfrak{H}}_{11} = 0$, d. h. *den Kurven auf* $\mathfrak{x}$, *längs denen die* $\dot{\mathfrak{E}}$ *einfach sind, entsprechen auf* $\bar{\mathfrak{x}}$ *die Asymptotenlinien.*

Zu diesen Ergebnissen führt die Relativgeometrie erster Art (s. 2. Kap. § 10). Sie haben den empfindlichen Nachteil, daß die hier betrachteten Kurven nicht immer existieren (s. 2. Kap., § 5 und 6). Wir gehen jetzt zur zweiten Art Relativgeometrie über.

III. Relativgeometrie bezüglich $\mathfrak{e}$.

§ 6.

Bedingungen für $\mathfrak{E}^*$-Krümmungslinien.

$\mathfrak{E}^*$-Krümmungslinien gibt es nicht auf allen Flächen. Wir schreiben die Bedingungen dafür auf, daß längs einer Kurve der Fläche $\mathfrak{x}$ die $\mathfrak{E}^*$ eine Torse bilden, um festzustellen, ob sich auf jeder Fläche Kurven finden lassen, die wenigstens einen Teil dieser Bedingungen erfüllen.

Die Richtungen der $\mathfrak{E}^*$-Krümmungslinien in einem Flächenpunkt sind nach (T 1) bestimmt durch die Gleichungen:

(1) $$\dot{\mathfrak{x}} \times \dot{\mathfrak{e}}_\varrho \times \mathfrak{E}^* = 0 \text{ für alle } \varrho = 1, \ldots, n-2.$$

Mit $\dot{\mathfrak{x}} = \mathfrak{x}_i \dot{u}^i$, $\dot{\mathfrak{e}}_\varrho = \mathfrak{e}_{\varrho, i} \dot{u}^i$ wird daraus:

(2) $$(\mathfrak{x}_i \times \mathfrak{e}_{\varrho, k} \times \mathfrak{E}^*)\, \dot{u}^i \dot{u}^k = 0 \qquad (\varrho = 1, \ldots, n-2).$$

Führt man $\beta^k_{(\varrho)\, i}$ und $\lambda^\sigma_{(\varrho)\, i}$ ein durch die Gleichung

(3) $$\mathfrak{e}_{\varrho, k} = \beta^l_{(\varrho)\, k}\, \mathfrak{x}_l + \lambda^\sigma_{(\varrho)\, k}\, \mathfrak{e}_\sigma,$$

so folgt aus (2) nach Kürzen durch den Faktor

$$\mathfrak{x}_1 \times \mathfrak{x}_2 \times \mathfrak{E}^* = \mathfrak{P} \times \mathfrak{E}^* = F,$$

der stets als $\neq 0$ vorausgesetzt wird,

(4) $$\beta^2_{(\varrho)\, 1}\, \dot{u}^1 \dot{u}^1 + (\beta^2_{(\varrho)\, 2} - \beta^1_{(\varrho)\, 1})\, \dot{u}^1 \dot{u}^2 - \beta^1_{(\varrho)\, 2}\, \dot{u}^2 \dot{u}^2 = 0.$$

Das ist für jedes ϱ eine quadratische Gleichung für $\frac{\dot{u}^2}{\dot{u}^1}$, sie liefert also für jeden Wert von ϱ zwei Richtungen auf der Fläche. Dann und nur dann, wenn diese Richtungen für alle ϱ dieselben sind, gibt es $\mathfrak{E}^*$-Krümmungslinien. Wir können aber einen bestimmten Wert von ϱ herausgreifen und für diesen $\mathfrak{e}_\varrho$-Krümmungsrichtungen und damit $\mathfrak{e}_\varrho$-Krümmungslinien definieren.

Wir werden dann zu fragen haben, ob es etwa bei unserem Variationsproblem allgemein oder wenigstens bei besonderen Variationsproblemen eine Möglichkeit gibt, einen Vektor $\mathfrak{e}_\varrho$ innerhalb $\mathfrak{E}^*$ auf natürliche Weise auszuzeichnen. Zunächst wollen wir einige geometrische Aussagen über die $\mathfrak{e}_\varrho$-Krümmungslinien machen.

§ 7.

Geometrische Eigenschaften der e-Krümmungslinien.

1. Wir ändern zunächst die Bezeichnungsweise ein wenig ab. Für das ausgezeichnete $\mathfrak{e}_\varrho$ schreiben wir einfach $\mathfrak{e}$ und für die übrigen $\mathfrak{e}_\sigma$: ξ_σ. Griechische Zeiger laufen jetzt von 1 bis $n-3$. Bei der späteren Anwendung werden nämlich die ξ_σ Vektoren der Normal-E_{n-2} sein. Daß sie Einheitsvektoren und untereinander und zu $\mathfrak{e}$ orthogonal sind, kann schon an dieser Stelle vorausgesetzt werden:

$$\mathfrak{e} \cdot \xi_\sigma = 0; \quad \xi_\sigma \xi_\tau = \delta_{\sigma\tau}.$$

Es ist also $\mathfrak{E}^* = \mathfrak{e} \times \xi_1 \times \ldots \times \xi_{n-3}$.

Gleichung (3) ist jetzt so zu schreiben:

$$\mathfrak{e}_k = \beta_k^l \mathfrak{x}_l + \lambda_k^\sigma \xi_\sigma + \mu_k \mathfrak{e}. \tag{3}$$

2. Gleichung (1) $\dot{\mathfrak{x}} \times \dot{\mathfrak{e}} \times \mathfrak{E}^* = 0$ besagt, daß die in einem Nachbarpunkt von $\mathfrak{x}$ angebrachte Gerade der Richtung $\mathfrak{e}$ die in $\mathfrak{x}$ angebrachte E_{n-2} der Stellung $\mathfrak{E}^*$ schneidet. Um das kurz anzudeuten: Wenn man

$$\mathfrak{x}(t + \Delta t) = \mathfrak{x} + \Delta t \cdot \dot{\mathfrak{x}},$$

$$\mathfrak{e}(t + \Delta t) = \mathfrak{e} + \Delta t \cdot \dot{\mathfrak{e}}$$

setzt und weiterhin Δt^2 vernachlässigt, muß es, damit der erwähnte Schnittpunkt vorhanden ist, Zahlen 1, ε, $\gamma_1, \ldots, \gamma_{n-2}$ geben, derart, daß

$$\mathfrak{x} + \Delta t \cdot \dot{\mathfrak{x}} + \varepsilon \mathfrak{e} + \varepsilon \cdot \Delta t \dot{\mathfrak{e}} = \mathfrak{x} + \gamma_1 \xi_1 + \ldots + \gamma_{n-3} \xi_{n-3} + \gamma_{n-2} \mathfrak{e}$$

ist, d. h. die Vektoren $\dot{\mathfrak{x}}$, $\dot{\mathfrak{e}}$, $\xi_1, \ldots, \xi_{n-3}$, $\mathfrak{e}$ müssen linear abhängig sein, und das wird gerade durch (1) ausgedrückt.

Man könnte sagen: Längs einer e-Krümmungslinie bilden die Vektoren $\mathfrak{e}$ eine „Torse im schwachen Sinne". Diese Bezeichnung rechtfertigt sich noch durch folgende zwei Bemerkungen.

3. Wir betrachten die Fläche, die von den Geraden $\mathfrak{e}$ längs einer e-Krümmungslinie von $\mathfrak{x}$ gebildet wird. Die Parameter auf $\mathfrak{x}$ seien so gewählt, daß diese Krümmungslinie die Gleichung $u^2 = \text{const}$ hat. Die betrachtete Fläche kann demnach so dargestellt werden:

$$\mathfrak{z}(u^1, t) = \mathfrak{x}(u^1) + t \cdot \mathfrak{e}(u^1).$$

Ihre Tangentenebene ist gegeben durch

$$\mathfrak{T} = \frac{\partial \mathfrak{z}}{\partial u^1} \times \frac{\partial \mathfrak{z}}{\partial t} = \mathfrak{x}_1 \times \mathfrak{e} + t \cdot (\mathfrak{e}_1 \times \mathfrak{e}).$$

Da $u^2 = \text{const}$ $\mathfrak{e}$-Krümmungslinie ist, folgt aus (4)

$$\beta_1^2 = 0$$

und (3) geht über in

$$\mathfrak{e}_1 = \beta_1^1 \mathfrak{x}_1 + \lambda_1^\sigma \xi_\sigma + \mu_1 \mathfrak{e}.$$

Somit wird

$$\mathfrak{T} = (1 + t\,\beta_1^1)\,(\mathfrak{x}_1 \times \mathfrak{e}) + t\,\lambda_1^\sigma\,(\xi_\sigma \times \mathfrak{e}).$$

Die Stellung von $\mathfrak{T}$ ist also (natürlich) nicht von t unabhängig, also nicht längs einer Erzeugenden konstant. Wir können aber zu einem $(n-1)$-Vektor konstanter Stellung kommen, indem wir mit dem von t unabhängigen $(n-3)$-Vektor

$$\mathfrak{N} = \xi_1 \times \ldots \times \xi_{n-3}$$

vektoriell multiplizieren:

$$\mathfrak{T} \times \mathfrak{N} = (1 + t\,\beta_1^1)\,(\mathfrak{x}_1 \times \mathfrak{E}^*).$$

Dieser $(n-1)$-Vektor ist längs einer Erzeugenden konstant; natürlich ist es dann auch seine Ergänzung; diese ist ein 1-Vektor in der Normal-E_{n-2} der Fläche $\mathfrak{z}$. Also: *Die Vektoren $\mathfrak{e}$ längs einer $\mathfrak{e}$-Krümmungslinie von $\mathfrak{x}$ bilden eine Regelfläche, längs deren Erzeugenden zwar nicht die Normal-E_{n-2}, wohl aber eine Normalrichtung festbleibt.* Mit anderen Worten: *Die Gesamtheit der Tangentenebenen längs einer Erzeugenden bildet höchstens einen E_{n-1}.*

Bemerkung. Dieser E_{n-1} bzw. die festbleibende Normalrichtung

$$(\mathfrak{T} \times \mathfrak{N})^* = (1 + t_1 \beta_1^1)\,(\mathfrak{x}_1 \times \mathfrak{E}^*)^*$$

hängt nur von $\mathfrak{E}^*$, nicht aber von der Wahl von $\mathfrak{e}$ ab. Es ist übrigens die Richtung von

$$(\mathfrak{x}_1 \times \mathfrak{E}^*)^* = \mathfrak{x}_1 \mathfrak{E} = \bar{\mathfrak{x}}_1.$$

4. Wir behaupten: *Die Fläche $\mathfrak{z}$ ist auf eine Fläche des E_{n-1} abwickelbar.*

Dazu sind die Integrierbarkeitsbedingungen heranzuziehen. Es wird vorausgesetzt, daß die Größen g_{ik}, c_{ik}^λ, $\varkappa_i^{\lambda\mu}$ der Fläche $\mathfrak{z}$ die Gleichungen (J 1—3) für eine Fläche des E_n erfüllen, d. h. wenn λ, μ, ϱ die Werte 1 bis $n-2$ durchlaufen. Wir wollen zeigen, daß sich bei geeigneter Wahl der Normalen-Einheitsvektoren solche Werte für die g_{ik}, c_{ik}^λ, $\varkappa_i^{\lambda\mu}$ ergeben, daß die Gleichungen (J 1—3) schon für $\lambda, \mu, \varrho = 1, \ldots, n-3$ erfüllt sind. Dazu müssen folgende Gleichungen erfüllt sein:

Wegen (J 1): $$c_{ik}^{n-2}\, c_l^{n-2,r} - c_{il}^{n-2}\, c_k^{n-2,r} = 0,$$

wegen (J 2): $$c_{ik}^{n-2}\, \varkappa_l^{n-2,\lambda} - c_{il}^{n-2}\, \varkappa_k^{n-2,\lambda} = 0,$$

wegen (J 3): $$\varkappa_i^{\lambda,n-2}\, \varkappa_k^{n-2,\mu} - \varkappa_k^{\lambda,n-2}\, \varkappa_i^{n-2,\mu} = 0.$$

Wir wählen u^1 und t als Parameter auf $\mathfrak{z}$ und bezeichnen die Ableitung nach t durch den Zeiger 2. Die Normal-E_{n-2} sei

$$\eta_1 \times \eta_2 \times \ldots \times \eta_{n-2}$$

und dabei sei

$$\eta_{n-2} = \frac{\bar{\mathfrak{x}}_1}{\sqrt{\bar{\mathfrak{x}}_1^2}},$$

so daß also $\eta_{n-2,2} = -c_2^{n-2,k}\,\mathfrak{x}_k + \varkappa_2^{n-2,\varrho}\,\eta_\varrho = 0$ ist. Daraus folgt $c_2^{n-2,k} = 0$, also auch $c_{2\,k}^{n-2} = 0$ für alle k, und $\varkappa_2^{n-2,\varrho} = -\varkappa_2^{\varrho,n-2} = 0$ für alle ϱ.

Daraus folgen die obigen Gleichungen, wenn man berücksichtigt, daß i, k, l nur die Werte 1, 2 annehmen und in den ersten beiden Gleichungen $k \neq 1$, in der letzten $i \neq k$ vorausgesetzt werden kann (da die Gleichungen sonst trivialerweise erfüllt sind).

§ 8.

Der Vektor $\mathfrak{e}$ bei speziellen Variationsproblemen. Ein Beispiel.

1. Wir kommen zu der S. 438 erwähnten Frage, ob sich bei speziellen Variationsproblemen ein Vektor $\mathfrak{e}$ in natürlicher Weise auszeichnen läßt. Das ist in der Tat möglich, wenn

$$\mathfrak{E} \times \mathfrak{P} = 0 \tag{1}$$

ist. Ob das etwa bei allen unseren Variationsproblemen durch geeignete Wahl von $\mathfrak{E}$ (s. S. 431) erreicht werden kann, ist fraglich. Es ist z. B. der Fall, wenn F nur von $\mathfrak{P}^2$ abhängt:

$$F(\mathfrak{P}) = \Psi(\mathfrak{P}^2); \quad F_{\mathfrak{P}} = 2\frac{\partial \Psi}{\partial(\mathfrak{P}^2)}\,\mathfrak{P}.$$

$\frac{\partial \Psi}{\partial(\mathfrak{P}^2)}$ ist ein Skalar, also $\mathfrak{E} = F_{\mathfrak{P}}$ einfach und sogar proportional zu $\mathfrak{P}$.

Ist $\mathfrak{E} \times \mathfrak{P} = 0$, so ist auch $\mathfrak{E}^* \times \mathfrak{P}^* = 0$, d. h. $\mathfrak{E}^*$ fällt entweder mit der Normal-E_{n-2} von $\mathfrak{x}$ (das ist $\mathfrak{P}^*$) zusammen — dann kann das Folgende mit beliebiger Wahl von ξ, $\mathfrak{e}$ durchgeführt werden — oder $\mathfrak{E}^*$ und $\mathfrak{P}^*$ haben ein $(n-3)$-dimensionales Gebiet gemeinsam, während sie im Falle $\mathfrak{E}^* \times \mathfrak{P}^* \neq 0$ nur ein $(n-4)$-dimensionales Gebiet gemeinsam haben. Wir beschränken uns auf den Fall $n = 4$. Dann haben $\mathfrak{E}^*$ und $\mathfrak{P}^*$ eine Gerade gemeinsam, deren Einheitsvektor ξ sei. Wir setzen

$$\mathfrak{E}^* = \mathfrak{e} \times \xi; \quad \xi^2 = 1, \quad \mathfrak{e}\,\xi = 0 \tag{2}$$

und haben dadurch einen Vektor $\mathfrak{e}$ bestimmt.

2. Ein Beispiel für $F_{\mathfrak{P}} \times \mathfrak{P} \neq 0$ erhält man, wenn man mit einem konstanten 2-Vektor $\mathfrak{Q}$: $F = \mathfrak{Q} \cdot \mathfrak{P}$ setzt. Ein Beispiel dafür, daß $\mathfrak{E} \times \mathfrak{P} = 0$ ist, ohne daß $F_{\mathfrak{P}}$ proportional zu $\mathfrak{P}$ ist, ist das folgende:

$$F = \sqrt{P_{12}^2 + P_{13}^2 + P_{14}^2}.$$

Es ist

$$F_{12} = \frac{\partial F}{\partial P_{12}} = \frac{P_{12}}{F}, \quad F_{13} = \frac{P_{13}}{F}, \quad F_{14} = \frac{P_{14}}{F},$$

$$F_{23} = F_{42} = F_{43} = 0.$$

a) $F_{\mathfrak{P}}$ ist einfach:

$$F_{\mathfrak{P}} \times F_{\mathfrak{P}} = F_{12} F_{34} + F_{13} F_{42} + F_{14} F_{23} = 0,$$

also kann $\mathfrak{E} = F_{\mathfrak{P}}$ gesetzt werden.

b) $\mathfrak{P} \times F_{\mathfrak{P}} = 0$:

$$P_{12} F_{34} + P_{13} F_{42} + P_{14} F_{23} + P_{34} F_{12} + P_{42} F_{13} + P_{23} F_{14}$$

$$= \frac{1}{F}(P_{12} P_{34} + P_{13} P_{42} + P_{14} P_{23}) = 0.$$

c) Die Stellung von $F_{\mathfrak{P}}$ fällt nicht mit der von $\mathfrak{P}$ zusammen: Wir setzen $\mathfrak{P} = \mathfrak{p} \times \mathfrak{q}$; $\mathfrak{p} = \{p_1, \ldots, p_4\}$; $\mathfrak{q} = \{q_1, \ldots, q_4\}$. Dann ist z. B. die vierte Komponente des 3-Vektors $\mathfrak{p} \times F_{\mathfrak{P}}$:

$$\{\mathfrak{p} \times F_{\mathfrak{P}}\}_4 = p_2 F_{31} + p_3 F_{12}$$

$$= \frac{1}{F}[p_2(p_3 q_1 - p_1 q_3) + p_3(p_1 q_2 - p_2 q_1)]$$

$$= \frac{1}{F} p_1 P_{32} \neq 0.$$

Wir berechnen $\mathfrak{e}$ und ξ: ξ soll die Schnittgerade von $F_{\mathfrak{P}}^*$ und $\mathfrak{P}^*$ angeben; also sind zunächst diese 2-Vektoren aufzuschreiben: Es ist

$$F_{12}^* = F_{34} = 0; \quad F_{13}^* = F_{42} = 0; \quad F_{14}^* = F_{23} = 0.$$

$$F_{34}^* = F_{12} = \frac{P_{12}}{F} = \frac{P_{34}^*}{F}; \quad F_{42}^* = \frac{P_{42}^*}{F}; \quad F_{23}^* = \frac{P_{23}^*}{F}.$$

Ist $\mathfrak{P}^*$ darstellbar durch die Vektoren

$$\mathfrak{m} = \{m_1, m_2, m_3, m_4\}, \quad \mathfrak{n} = \{n_1, n_2, n_3, n_4\}$$

als $\mathfrak{P}^* = \mathfrak{m} \times \mathfrak{n}$, so kann $F_{\mathfrak{P}}^*$ mittels der Vektoren

$$\mathfrak{m}' = \{0, m_2, m_3, m_4\}, \quad \mathfrak{n}' = \{0, n_2, n_3, n_4\}$$

so dargestellt werden: $F_{\mathfrak{P}}^* = \frac{1}{F}(\mathfrak{m}' \times \mathfrak{n}')$.

Man kann b) und c) hier noch einmal bestätigen: Der Rang der Matrix

$$\begin{matrix} m_1, & m_2, & m_3, & m_4 \\ n_1, & n_2, & n_3, & n_4 \\ 0, & m_2, & m_3, & m_4 \\ 0, & n_2, & n_3, & n_4 \end{matrix}$$

ist im allgemeinen 3.

Die Schnittgerade von $F^*_{\mathfrak{P}}$ und $\mathfrak{P}^*$ sei bestimmt durch

$$\tilde{\xi} = \mu\, \mathfrak{m} + \nu\, \mathfrak{n} = \mu'\, \mathfrak{m}' + \nu'\, \mathfrak{n}'. \qquad \left(\text{Es ist dann } \xi = \frac{\tilde{\xi}}{|\tilde{\xi}|}.\right)$$

Der Vergleich der ersten Komponenten ergibt

$$\mu m_1 + \nu n_1 = 0,$$

und es ist leicht zu bestätigen, daß die Gleichung

$$\tilde{\xi} = n_1 \mathfrak{m} - m_1 \mathfrak{n} = n_1 \mathfrak{m}' - m_1 \mathfrak{n}'$$

auch in den übrigen Komponenten richtig ist.

In die Richtung von $\mathfrak{e}$ zeigt der Vektor

$$\tilde{\mathfrak{e}} = F^*_{\mathfrak{P}} \cdot \tilde{\xi} = \frac{1}{F} (\mathfrak{m}' \times \mathfrak{n}') (n_1 \mathfrak{m}' - m_1 \mathfrak{n}')$$

$$= \frac{1}{F} [(n_1 \mathfrak{n}' \mathfrak{m}' - m_1 \mathfrak{n}'^2) \mathfrak{m}' - (n_1 \mathfrak{m}'^2 - m_1 \mathfrak{n}' \mathfrak{m}') \mathfrak{n}'].$$

Sind $\mathfrak{m}$, $\mathfrak{n}$ so gewählt, daß $\mathfrak{m}\mathfrak{n} = 0$ ist, so folgt aus $\mathfrak{m}'^2 = \mathfrak{m}^2 - m_1^2$; $\mathfrak{n}'^2 = \mathfrak{n}^2 - n_1^2$; $\mathfrak{n}'\mathfrak{m}' = -n_1 m_1$:

$$\tilde{\mathfrak{e}} = -\frac{1}{F} [(m_1 \mathfrak{n}^2) \mathfrak{m}' + (n_1 \mathfrak{m}^2) \mathfrak{n}'].$$

Es ist (unter derselben Voraussetzung)

$$\tilde{\xi}^2 = n_1^2 \mathfrak{m}^2 + m_1^2 \mathfrak{n}^2.$$

Aus

$$\mathfrak{P}^* \cdot F^*_{\mathfrak{P}} = F = \frac{1}{F} (\mathfrak{m}' \times \mathfrak{n}')(\mathfrak{m} \times \mathfrak{n})$$

ergibt sich

$$F^2 = \mathfrak{P}^2 - \tilde{\xi}^2;$$

setzen wir

$$\tilde{\xi}^2 = \mathfrak{P}^2 - F^2 = P_{34}^2 + P_{42}^2 + P_{23}^2 = G^2,$$

so wird

$$\xi = \frac{\tilde{\xi}}{G}; \quad \mathfrak{e} = F^*_{\mathfrak{P}}\, \xi = \frac{\tilde{\mathfrak{e}}}{G}.$$

Das adjungierte Variationsproblem: Es ist

$$\overline{F}^2 = \mathfrak{P}\, \overline{\mathfrak{P}}.$$

$\overline{\mathfrak{P}}$ erhält man aus $\overline{\mathfrak{P}} = F \cdot F_{\mathfrak{P}}$:

$$\overline{P}_{12} = P_{12}; \quad \overline{P}_{13} = P_{13}; \quad \overline{P}_{14} = P_{14}; \quad \overline{P}_{34} = \overline{P}_{42} = \overline{P}_{23} = 0.$$

Also ist

$$\mathfrak{P}\, \overline{\mathfrak{P}} = P_{12}\, \overline{P}_{12} + P_{13}\, \overline{P}_{13} + P_{14}\, \overline{P}_{14}$$

$$= \underline{\overline{P}_{12}^2 + \overline{P}_{13}^2 + \overline{P}_{14}^2 = \overline{F}^2}.$$

Das ist eine Funktion derselben Form: *Das Variationsproblem ist selbstadjungiert.*

§ 9.

Weiteres über derartige Variationsprobleme.

1. Die Gestalt des Variationsproblems. Die Ableitungsgleichungen für $\mathfrak{e}$ und ξ lauten zunächst formal:

$$\text{(A 1)} \qquad \mathfrak{e}_i = \beta_i^k \mathfrak{x}_k + \lambda_i \xi + \mu_i \mathfrak{e},$$

$$\text{(A 2)} \qquad \xi_i = -c_i^k \mathfrak{x}_k + \varkappa_i \mathfrak{e}.$$

Dabei ist bereits $\xi_i \xi = 0$ berücksichtigt. Aus $\mathfrak{E}_i^* \times \mathfrak{P} = 0$ folgt noch $\mu_i = 0$. Nämlich es ist

$$\mathfrak{E}_i^* \times \mathfrak{P} = (\mathfrak{e}_i \times \xi \times \mathfrak{x}_1 \times \mathfrak{x}_2) + (\mathfrak{e} \times \xi_i \times \mathfrak{x}_1 \times \mathfrak{x}_2) = 0,$$

nun folgt aber aus (A 2)

$$(\mathfrak{e} \times \xi_i \times \mathfrak{x}_1 \times \mathfrak{x}_2) = 0$$

und aus (A 1)

$$(\mathfrak{e}_i \times \xi \times \mathfrak{x}_1 \times \mathfrak{x}_2) = \mu_i (\mathfrak{e} \times \xi \times \mathfrak{x}_1 \times \mathfrak{x}_2) = \mu_i (\mathfrak{E}^* \times \mathfrak{P}) = \mu_i F.$$

F läßt sich jetzt so schreiben:

$$F = \sqrt{(\mathfrak{e} \times \mathfrak{x}_2 \times \mathfrak{x}_2)^2};$$

denn es ist

$$F^2 = (\xi \times \mathfrak{e} \times \mathfrak{x}_1 \times \mathfrak{x}_2)^2 = \begin{vmatrix} \xi^2 & 0 & 0 & 0 \\ 0 & \mathfrak{e}^2 & \mathfrak{e}\mathfrak{x}_1 & \mathfrak{e}\mathfrak{x}_2 \\ 0 & \mathfrak{x}_1\mathfrak{e} & \mathfrak{x}_1^2 & \mathfrak{x}_1\mathfrak{x}_2 \\ 0 & \mathfrak{x}_2\mathfrak{e} & \mathfrak{x}_2\mathfrak{x}_1 & \mathfrak{x}_2^2 \end{vmatrix}$$

Es gilt auch die Umkehrung: Wenn $F = \sqrt{(\mathfrak{e} \times \mathfrak{x}_1 \times \mathfrak{x}_2)^2}$ ist, so ist $F_{\mathfrak{P}}$ einfach, es kann also $\mathfrak{E} = F_{\mathfrak{P}}$ gesetzt werden, und es ist $\mathfrak{E} \times \mathfrak{P} = 0$.

Es ist nämlich

$$F \cdot F_{\mathfrak{P}} = \mathfrak{e}\,(\mathfrak{e} \times \mathfrak{P}),$$

was man am sichersten in der trivialen Weise prüft, daß man alles explizit in Komponenten hinschreibt. Mit Benutzung eckiger Klammern als Symbol für alternierende Zeiger läßt es sich etwa so andeuten:

$$F^2 = e_{[i} P_{kl]} \cdot e_{[i} P_{kl]},$$

also

$$2F \frac{\partial F}{\partial P_{kl}} = 2 e_i \cdot e_{[i} P_{kl]}.$$

Nach der obigen Gleichung und nach Umformung mittels der Zerlegungsformel ist

$$F_{\mathfrak{P}} = \frac{1}{F} [\mathfrak{e}^2 (\mathfrak{x}_1 \times \mathfrak{x}_2) - (\mathfrak{e}\mathfrak{x}_1)(\mathfrak{e} \times \mathfrak{x}_2) + (\mathfrak{e}\mathfrak{x}_2)(\mathfrak{e} \times \mathfrak{x}_1)]$$

und daraus ist $F_{\mathfrak{P}} \times F_{\mathfrak{P}} = 0$ und $F_{\mathfrak{P}} \times \mathfrak{P} = 0$ sofort abzulesen.

2. Verschwinden der mittleren Relativkrümmung. Variieren wir[10]) die Fläche $\mathfrak{x}$ in

$$\tilde{\mathfrak{x}} = \mathfrak{x} + \varepsilon n \mathfrak{e} + \varepsilon m \xi,$$

so ist

$$\tilde{\mathfrak{x}}_1 = (1 + \varepsilon n \beta_1^1 - \varepsilon m c_1^1)\,\mathfrak{x}_1 + \varepsilon(\beta_1^2 n - m c_1^2)\,\mathfrak{x}_2 + \varepsilon(n_1 + m\varkappa_1)\,\mathfrak{e} + \varepsilon(m_1 + n\lambda_1)\,\xi$$

und unter Vernachlässigung von Gliedern mit ε^2 wird

$$\mathfrak{e}\times\tilde{\mathfrak{x}}_1\times\tilde{\mathfrak{x}}_2 = (\mathfrak{e}\times\mathfrak{x}_1\times\mathfrak{x}_2)\,[1 + \varepsilon n(\beta_1^1 + \beta_2^2) - \varepsilon m(c_1^1 + c_2^2)] + (\mathfrak{e}\times\mathfrak{x}_1\times\xi)\,\varepsilon A + (\mathfrak{e}\times\mathfrak{x}_2\times\xi)\,\varepsilon B,$$

wobei der Wert der Faktoren A, B nicht von Belang ist. Da

$$(\mathfrak{e}\times\mathfrak{x}_i\times\xi)\,(\mathfrak{e}\times\mathfrak{x}_1\times\mathfrak{x}_2) = \begin{vmatrix} \cdot & \cdot & \xi\mathfrak{e} \\ \cdot & \cdot & \xi\mathfrak{x}_1 \\ \cdot & \cdot & \xi\mathfrak{x}_2 \end{vmatrix} = 0$$

ist, ist

$$(\mathfrak{e}\times\tilde{\mathfrak{x}}_1\times\tilde{\mathfrak{x}}_2)^2 = (\mathfrak{e}\times\mathfrak{x}_1\times\mathfrak{x}_2)^2\,[1 + 2\,\varepsilon n(\beta_1^1 + \beta_2^2) - 2\,\varepsilon m(c_1^1 + c_2^2)].$$

Hieraus schließt man (indem man etwa zunächst $m = 0$ setzt): *Extremalflächen sind dadurch gekennzeichnet, daß*

$$\underline{\beta_1^1 + \beta_2^2 = 0 \quad \textit{und} \quad c_1^1 + c_2^2 = 0}$$

ist. Bis auf den Faktor 2 ist $c_1^1 + c_2^2$ die mittlere Krümmung bezüglich der Normalen ξ, $\beta_1^1 + \beta_2^2$ die mittlere Relativkrümmung bezüglich der Relativnormalen $\mathfrak{e}$. Diese Ausdrücke werden im folgenden Paragraphen noch näher erläutert.

3. Folgerungen für das adjungierte Variationsproblem. Wir setzen $\mathfrak{x}$ und $\bar{\mathfrak{x}}$ als adjungierte Extremalflächen voraus, ferner für unser Variationsproblem: $\mathfrak{E}\times\mathfrak{P} = 0$.

a) Dann gilt für das adjungierte Variationsproblem die entsprechende Gleichung

$$\mathfrak{Y}\times\bar{\mathfrak{P}} = 0.$$

Denn es ist

$$\bar{\mathfrak{P}} = \mathfrak{E}\cdot F, \quad \mathfrak{Y} = \frac{1}{F}\,\mathfrak{P}.$$

Hieraus folgt zugleich, daß die Stellung der Ebenen $\mathfrak{E}^*$ und $\bar{\mathfrak{P}}^*$, sowie $\mathfrak{P}^*$ und $\mathfrak{Y}^*$ dieselbe ist. Also ist die Schnittgerade der Ebenen $\mathfrak{Y}^*$ und $\bar{\mathfrak{P}}^*$ zu der Schnittgeraden ξ der Ebenen $\mathfrak{P}^*$ und $\mathfrak{E}^*$ parallel. Also kann man setzen

$$\mathfrak{Y}^* = \mathfrak{y}\times\xi; \quad \bar{\mathfrak{P}}^* = \xi\times\bar{\eta} \text{ mit } \xi\bar{\eta} = \xi\mathfrak{y} = 0.$$

[10]) Siehe z. B. W. Blaschke, Vorlesungen über Differentialgeometrie I, 3. Aufl., S. 235.

b) Die Gleichungen (YE) von S. 429 gehen in die entsprechenden Gleichungen für $\mathfrak{e}$, $\mathfrak{y}$ über. Es ist nämlich

$$1 = \mathfrak{E}^* \mathfrak{Y}^* = (\mathfrak{e} \times \xi)(\mathfrak{y} \times \xi)$$

und dies ist (vgl. Lotze [6], S. 1451, (8))

$$= \begin{vmatrix} \mathfrak{e}\mathfrak{y}, & \mathfrak{e}\xi \\ \xi\mathfrak{y}, & \xi^2 \end{vmatrix} = \underline{\mathfrak{e}\mathfrak{y} = 1.}$$

Aus

$$\mathfrak{E}_i^* \cdot \mathfrak{Y}^* = (\mathfrak{e}_i \times \xi)(\mathfrak{y} \times \xi) + (\mathfrak{e} \times \xi_i)(\mathfrak{y} \times \xi) = 0$$

folgt $\underline{\mathfrak{e}_i \mathfrak{y} = 0}$ und somit $\underline{\mathfrak{e}\mathfrak{y}_i = 0}$.

c) Die Gleichung $\bar{\mathfrak{P}}^* = \mathfrak{E}^* \cdot F$ besagt: Die Relativnormalebene $\mathfrak{E}^*$ von $\mathfrak{x}$ hat dieselbe Stellung wie die gewöhnliche Normalebene von $\bar{\mathfrak{x}}$ im entsprechenden Punkte. Insbesondere steht $\mathfrak{e}$ als Vektor dieser Ebene auf $\bar{\mathfrak{x}}_i$ senkrecht:

$$\bar{\mathfrak{x}}_i \cdot \mathfrak{e} = 0.$$

Das kann man übrigens auch so nachprüfen:

$$\mathfrak{e} \cdot \bar{\mathfrak{x}}_i = \mathfrak{e}(\mathfrak{x}_i \cdot \mathfrak{E}) = (\mathfrak{e} \times \mathfrak{x}_i) \times (\mathfrak{e} \times \xi) = 0.$$

Ebenso ist natürlich $\mathfrak{x}_i \cdot \mathfrak{y} = 0$.

§ 10.

Einander entsprechende Kurven.

Wir wollen mit Hilfe der Vektoren $\mathfrak{e}$, ξ, $\mathfrak{y}$ eine Relativgeometrie auf $\mathfrak{x}$ und $\bar{\mathfrak{x}}$ aufbauen.

1. Fundamentalformen. Jedem Punkt der Fläche $\mathfrak{x}$ ist zugeordnet 1. eine Normal-E_2, aufgespannt von den Vektoren

$$\xi_1 = \xi, \quad \xi_2 = \frac{\mathfrak{y}}{\sqrt{\mathfrak{y}^2}}.$$

2. eine Relativnormalebene $\mathfrak{E}^*$, aufgespannt von $\mathfrak{e}$ und ξ.

Wählen wir $\mathfrak{x}_1$, $\mathfrak{x}_2$, $\mathfrak{e}$, ξ als Bezugsvektoren, so erhalten wir als Ableitungsgleichungen die folgenden:

$$\begin{aligned} \xi_i &= -c_i^k \mathfrak{x}_k + \nu_i \mathfrak{e}, \\ \mathfrak{e}_i &= \beta_i^k \mathfrak{x}_k + \lambda_i \xi, \\ \mathfrak{x}_{ik} &= \gamma_{ik}^l \mathfrak{x}_l + b_{ik}\mathfrak{e} + c_{ik}\xi. \end{aligned}$$

Die b_{ik} stehen mit den $\beta_{ik} = \beta_i^l \mathfrak{x}_l \mathfrak{x}_k = \mathfrak{e}_i \mathfrak{x}_k$ nur dann in einem engen Zusammenhang, wenn $\mathfrak{e}\mathfrak{x}_i = 0$ ist, wie das z. B. bei Minimalflächen der Fall ist. Dann ist

$$\mathfrak{e}^2 \cdot b_{ik} = \mathfrak{x}_{ik}\mathfrak{e} = -\mathfrak{x}_i \mathfrak{e}_k = -\beta_{ik} = -\beta_{ki}.$$

Es ist übrigens

$$b_{ik} = \mathfrak{x}_{ik}\mathfrak{y} = -\mathfrak{x}_i\mathfrak{y}_k = b_{ki}.$$

Man kann nun auf $\mathfrak{x}$ die drei Formen betrachten:

$$c_{ik}\dot{u}^i\dot{u}^k, \tag{II, 1}$$

$$b_{ik}\dot{u}^i\dot{u}^k, \tag{II, 2}$$

$$\beta_{ik}\dot{u}^i\dot{u}^k. \tag{II, 3}$$

2. Krümmungslinien. Wir nennen

$$\frac{1}{R} = \frac{c_{ik}\dot{u}^i\dot{u}^k}{g_{ik}\dot{u}^i\dot{u}^k} \tag{K}$$

die (gewöhnlichen) ξ-Krümmungen einer Flächenkurve in einem Flächenpunkt; die Extremwerte $\frac{1}{R_1}, \frac{1}{R_2}$ bezeichnen wir als die Hauptkrümmungen bezüglich ξ, die ihnen entsprechenden Richtungen definieren die ξ-Krümmungslinien. Deren Differentialgleichung erhält man in üblicher Weise als

$$-c_1^2\dot{u}^1\dot{u}^1 + (c_1^1 - c_2^2)\dot{u}^1\dot{u}^2 + c_2^1\dot{u}^2\dot{u}^2 = 0.$$

Insbesondere ist $\frac{1}{R_1} + \frac{1}{R_2} = c_1^1 + c_2^2$.

Nennt man

$$\frac{1}{r} = \frac{\beta_{ik}\dot{u}^i\dot{u}^k}{g_{ik}\dot{u}^i\dot{u}^k}$$

Relativkrümmung bezüglich $\mathfrak{e}$, so erhält man für die durch die Extremwerte von $\frac{1}{r}$ bestimmten Richtungen die Gleichung

$$-\beta_1^2\dot{u}^1\dot{u}^1 + (\beta_1^1 - \beta_2^2)\dot{u}^1\dot{u}^2 + \beta_2^1\dot{u}^2\dot{u}^2 = 0,$$

also die Differentialgleichung der früher auf anderem Wege eingeführten $\mathfrak{e}$-Krümmungslinien [s. Gleichung (4), S. 437]. Es ist

$$\frac{1}{r_1} + \frac{1}{r_2} = \beta_1^1 + \beta_2^2.$$

Die Orthogonalität der ξ-Krümmungslinien läßt sich in der üblichen Weise nachweisen: Die Extremumsforderung ergibt aus der Gleichung (K)

$$\left(\frac{1}{R}g_{ik} - c_{ik}\right)\dot{u}^i = 0,$$

und wenn jetzt die ξ-Krümmungslinien als Parameterkurven gewählt werden und den Kurven $u^2 = \text{const}$ die Krümmung $\frac{1}{R_1}$, den Kurven $u^1 = \text{const}$ die Krümmung $\frac{1}{R_2}$ zugeordnet wird, so folgen daraus unter anderem die Gleichungen

$$\frac{1}{R_1}g_{12} - c_{12} = 0,$$

$$\frac{1}{R_2}g_{21} - c_{21} = 0.$$

Da nun $c_{12} = c_{21}$ ist, folgt daraus, wenn $\frac{1}{R_1} \neq \frac{1}{R_2}$ ist,

$$g_{12} = 0 \quad \text{und} \quad c_{12} = 0,$$

d. h. die *ξ-Krümmungslinien sind orthogonal und konjugiert bezüglich der Form* (II, 1).

Dasselbe läßt sich für die mittels der Form (II, 2) definierten $\mathfrak{y}$-Krümmungslinien nachweisen, jedoch nicht für die $\mathfrak{e}$-Krümmungslinien, denn es ist nicht bekannt, ob $\beta_{12} = \beta_{21}$ ist. Dagegen läßt sich das Konjugiertsein der $\mathfrak{e}$-Krümmungslinien bezüglich (II, 3) wenigstens für unsere Extremalflächen beweisen: Es ist

$$\beta_{12} = \beta_1^1 g_{12} + \beta_1^2 g_{22},$$
$$\beta_{21} = \beta_2^1 g_{11} + \beta_2^2 g_{21},$$

und wenn man die $\mathfrak{e}$-Krümmungslinien als Parameterkurven wählt, also wenn $\beta_1^2 = \beta_2^1 = 0$ ist, folgt daraus

$$\beta_{12} + \beta_{21} = (\beta_1^1 + \beta_2^2)\, g_{12} = 0.$$

Es sei noch erwähnt, daß sich das Produkt der Relativkrümmungen $\frac{1}{r_1 r_2}$ als Quotient von Relativ-Oberflächenelementen darstellen läßt. Das sieht man folgendermaßen: Mit den $\mathfrak{e}$-Krümmungslinien als Parameterkurven erhält man

$$\beta_1^1 = -\frac{1}{r_1}, \quad \beta_2^2 = -\frac{1}{r_2}.$$

Dann ist

$$(\mathfrak{e}_1 \times \mathfrak{e}_2 \times \xi) = \frac{1}{r_1 r_2} (\mathfrak{x}_1 \times \mathfrak{x}_2 \times \xi),$$

also

$$\frac{1}{r_1 r_2} = \frac{\sqrt{(\mathfrak{e}_1 \times \mathfrak{e}_2 \times \xi)^2}}{\sqrt{(\mathfrak{x}_1 \times \mathfrak{x}_2 \times \xi)^2}}.$$

Hier ist nun der Nenner das Oberflächenelement der Fläche $\mathfrak{x}$, der Zähler wäre als Relativoberflächenelement von $\mathfrak{e}$ bezüglich ξ zu bezeichnen. Damit ist die verlangte Darstellung gegeben. Man kann aber auch schreiben

$$\frac{1}{r_1 r_2} = \frac{(\mathfrak{e}_1 \times \mathfrak{e}_2 \times \xi \times \mathfrak{e})}{(\mathfrak{x}_1 \times \mathfrak{x}_2 \times \xi \times \mathfrak{e})} = \frac{(\mathfrak{e}_1 \times \mathfrak{e}_2 \times \xi \times \mathfrak{e})}{F}.$$

Dieser Ausdruck kann als der Quotient der R-Oberflächenelemente von $\mathfrak{x}$ und $\mathfrak{e}$ bezüglich $\mathfrak{E}^*$ bezeichnet werden.

3. Asymptotenlinien. Als ξ- bzw. $\mathfrak{e}$- bzw. $\mathfrak{y}$-Asymptotenlinien werden wir diejenigen Kurven bezeichnen, für die die entsprechende Form II verschwindet. Man wird fragen, ob diese Kurven eine Eigenschaft besitzen ähnlich der für Flächen im E_3 bekannten, daß die Schmiegebenen der Asymptotenlinien mit den Tangentenebenen der Fläche zusammenfallen.

Sind die Kurven $u^2 = \text{const}$ ξ-Asymptotenlinien, so ist

$$c_{11} = \mathfrak{x}_{11}\xi = 0.$$

Die Schmiegebenen der betrachteten Kurven sind durch die Vektoren $\mathfrak{x}_1$, $\mathfrak{x}_{11}$ bestimmt, also gilt: Die Schmiegebene der ξ-Asymptotenlinien steht jeweils auf dem Flächennormalvektor ξ senkrecht. Sie braucht also nicht mit der Tangentenebene zusammenzufallen, sie fällt aber in den E_3, der von der Tangentenebene und dem Normalvektor ξ_2 aufgespannt wird.

Das Entsprechende gilt für die $\mathfrak{y}$-Asymptotenlinien, da diese durch die ähnlich gebaute Form

$$\mathfrak{x}_{ik}\,\mathfrak{y}\,\dot{u}^i\dot{u}^k = 0$$

definiert werden, aber nicht für die $\mathfrak{e}$-Asymptotenlinien.

Auf Minimalflächen im E_3 sind die Asymptotenlinien orthogonal. Dasselbe gilt hier für die ξ- und für die $\mathfrak{e}$-Asymptotenlinien. Setzt man z. B. die $\mathfrak{e}$-Asymptotenlinien als Parameterkurven voraus, also

$$\beta_{11} = \beta_{22} = 0,$$

so ist

$$\beta_1^1 + \beta_2^2 = (\beta_{12} + \beta_{21})\, g^{12} = 0,$$

also, wenn nicht alle Koeffizienten der Form (II, 3) verschwinden, $g_{12} = 0$.

4. Entsprechende Kurven auf $\mathfrak{x}$ und $\bar{\mathfrak{x}}$. Auf der Fläche $\bar{\mathfrak{x}}$ führen wir die entsprechenden Fundamentalformen ein und bezeichnen ihre Koeffizienten durch Überstreichen. Insbesondere ist

$$\bar{c}_{ik} = \bar{\mathfrak{x}}_{ik}\,\xi,$$

$$\bar{b}_{ik} = \bar{\mathfrak{x}}_{ik}\,\mathfrak{e}.$$

Wir berechnen zunächst $\bar{\mathfrak{x}}_{ik}$:

$$\bar{\mathfrak{x}}_i = \mathfrak{x}_i \cdot \mathfrak{E} = (\mathfrak{x}_i \times \mathfrak{E}^*)^* = (\mathfrak{x}_i \times \mathfrak{e} \times \xi)^*,$$

$$\bar{\mathfrak{x}}_{ik} = (\mathfrak{x}_{ik} \times \mathfrak{e} \times \xi)^* + (\mathfrak{x}_i \times \mathfrak{e}_k \times \xi)^* + (\mathfrak{x}_i \times \mathfrak{e} \times \xi_k)^*.$$

Daraus folgt

$$\bar{c}_{11} = (\mathfrak{x}_1 \times \mathfrak{e} \times \xi_1 \times \xi) = c_1^2\,(\mathfrak{x}_1 \times \mathfrak{x}_2 \times \mathfrak{e} \times \xi) = c_1^2 \cdot F,$$

$$\bar{c}_{22} = -\,c_2^1 \cdot F,$$

$$\bar{c}_{12} = c_2^2 \cdot F = \bar{c}_{21} = -\,c_1^1 \cdot F;$$

und ebenso

$$\bar{b}_{11} = -\,\beta_1^2 \cdot F, \quad \bar{b}_{22} = \beta_2^1 \cdot F,$$

$$\bar{b}_{12} = -\,\beta_2^2 F = \bar{b}_{21} = \beta_1^1 \cdot F.$$

Daraus liest man sofort ab: Aus $\bar{c}_{11} = 0$ folgt $c_1^2 = 0$ usw. *Den ξ-Krümmungslinien von $\mathfrak{x}$ entsprechen die ξ-Asymptotenlinien von $\bar{\mathfrak{x}}$; den $\mathfrak{e}$-Krümmungslinien von $\mathfrak{x}$ entsprechen die $\mathfrak{e}$-Asymptotenlinien von $\bar{\mathfrak{x}}$.*

5. Entsprechende Kurven auf $\mathfrak{x}$ und $\mathfrak{e}$. Solche erhalten wir nur mittels der Form (II, 3):

$$\beta_{ik}\,\dot{u}^i\dot{u}^k = \mathfrak{e}_i\,\mathfrak{x}_k\,\dot{u}^i\dot{u}^k.$$

Diese Form haben wir oben als Fundamentalform der Fläche $\mathfrak{x}$ bezüglich der R-Normalen $\mathfrak{e}$ gedeutet; wir können sie auch als Fundamentalform der Fläche $\mathfrak{e}$ bezüglich der R-Normalen $\mathfrak{x}$ deuten. In diesem Sinne können wir ein oben bereits angegebenes Ergebnis auch so aussprechen: *Den $\mathfrak{e}$-Krümmungslinien auf $\mathfrak{x}$ entsprechen auf der Fläche $\mathfrak{e}$ Kurven, die bezüglich der Form* (II, 3) *konjugiert sind.*

6. Die Charakteristik. Für das Folgende ist die Beschränkung auf den E_4 wesentlich, während sie bisher hauptsächlich der Vereinfachung der Schreibweise diente. Die Kommerellsche Charakteristik ist aber nur für Flächen im E_4 definiert.

Eisenhart ([35], S. 234) bringt den Satz, daß die Charakteristiken in entsprechenden Punkten von adjungierten *Minimal*flächen kongruent sind. Wir wollen diesen Satz im folgenden auf einem Wege beweisen, der zugleich zeigt, an welcher Stelle die Übertragung auf allgemeinere Variationsprobleme versagt.

Wir betrachten zunächst die Charakteristik in einem Punkt der Fläche $\bar{\mathfrak{x}}$. Sie ist definiert (vgl. S. 419) als diejenige Kurve der Noımalebene, die von den benachbarten Normalebenen ausgeschnitten wird, d. h. wenn $\mathfrak{n}$ den Vektor vom Nullpunkt zu einem Punkt der Charakteristik darstellt, durch die vier Gleichungen

$$(1)\qquad (\mathfrak{n} - \bar{\mathfrak{x}})\,\bar{\mathfrak{x}}_i = 0 \qquad (i = 1, 2),$$

$$(2)\qquad \frac{d}{dt}\left((\mathfrak{n} - \bar{\mathfrak{x}})\,\bar{\mathfrak{x}}_i\right) = 0.$$

Jeder (durch dt bestimmten) Richtung auf der Fläche entspricht ein Punkt der Charakteristik.

Da $\bar{\mathfrak{P}}^* = F \cdot \mathfrak{C}^*$ ist, wird unsere Normalebene von den Vektoren $\mathfrak{e}$ und ξ aufgespannt. Wir können also die Gleichungen (1) durch den Ansatz befriedigen:

$$(3)\qquad \mathfrak{n} - \bar{\mathfrak{x}} = \mathfrak{w} = w^1\,\mathfrak{e} + w^2\,\xi.$$

Die Gleichungen (2) lauten ausführlicher

$$\left((\mathfrak{n} - \bar{\mathfrak{x}})\,\bar{\mathfrak{x}}_{ik} - \bar{\mathfrak{x}}_k\,\bar{\mathfrak{x}}_i\right)\dot{u}^k = 0,$$

und wenn wir hier (3) eintragen, erhalten wir

$$(w^1\,\bar{\mathfrak{x}}_{ik}\,\mathfrak{e} + w^2\,\bar{\mathfrak{x}}_{ik}\,\xi - \bar{\mathfrak{x}}_k\,\bar{\mathfrak{x}}_i)\,\dot{u}^k = 0$$

oder

$$(4)\qquad (w^1\,\bar{b}_{ik} + w^2\,\bar{c}_{ik} - \bar{g}_{ik})\,\dot{u}^k = 0 \qquad (i = 1, 2).$$

Hieraus erhält man

$$w^1 = \frac{(\bar{g}_{1k}\,\bar{c}_{2j} - \bar{g}_{2k}\,\bar{c}_{1j})\,\dot{u}^k\,\dot{u}^j}{(\bar{b}_{1k}\,\bar{c}_{2j} - \bar{b}_{2k}\,\bar{c}_{1j})\,\dot{u}^k\,\dot{u}^j},$$

$$w^2 = \frac{(\bar{b}_{1k}\,\bar{g}_{2j} - \bar{b}_{2k}\,\bar{g}_{1j})\,\dot{u}^k\,\dot{u}^j}{(\bar{b}_{1k}\,\bar{c}_{2j} - \bar{b}_{2k}\,\bar{c}_{1j})\,\dot{u}^k\,\dot{u}^j}.$$

Wir bezeichnen den Nenner mit $\bar{\bar{H}}$; $\bar{\bar{H}} = 0$ definiert die Asymptotenlinien im Kommerellschen Sinne (vgl. S. 419). Berücksichtigen wir ferner die Gleichungen $\bar{g}_{11} = \bar{g} \cdot \bar{g}^{22}$ usw., so erhalten wir

$$w^1 = \frac{\bar{g}}{\bar{\bar{H}}} \left(\bar{c}_1^2 \dot{u}^1 \dot{u}^1 + (\bar{c}_2^2 - \bar{c}_1^1) \dot{u}^1 \dot{u}^2 - \bar{c}_2^1 \dot{u}^2 \dot{u}^2\right),$$

$$w^2 = \frac{\bar{g}}{\bar{\bar{H}}} \left(\bar{b}_1^2 \dot{u}^1 \dot{u}^1 + (\bar{b}_2^2 - \bar{b}_1^1) \dot{u}^1 \dot{u}^2 - \bar{b}_2^1 \dot{u}^2 \dot{u}^2\right).$$

Daraus sieht man (und nur deshalb ist diese Darstellung hier angegeben): *Den Schnittpunkten der Charakteristik mit der $\mathfrak{\xi}$- und der $\mathfrak{e}$-Achse entsprechen die betreffenden Hauptkrümmungsrichtungen.*

Wir wollen nun dieser Charakteristik nicht die „gewöhnliche", sondern die „Relativcharakteristik" der Fläche $\mathfrak{x}$ gegenüberstellen, die wir mittels der Relativnormalebene $\mathfrak{E}^*$ in der gleichen Weise definieren. In ihrer Gleichung treten dann die Größen c_i^k und β_i^k auf, die mit den Größen $\bar{c}_i^k$, $\bar{b}_i^k$ in dem S. 448 angegebenen Zusammenhang stehen. Außerdem liegen die beiden verglichenen Charakteristiken in parallelen Ebenen.

Unsere Relativcharakteristik ist also definiert durch die Gleichungen

$$(\mathfrak{m} - \mathfrak{x})\,\mathfrak{E} = 0,$$

$$\frac{d}{dt}\left((\mathfrak{m} - \mathfrak{x})\,\mathfrak{E}\right) = 0.$$

Die erste dieser Gleichungen erfüllen wir durch den Ansatz

$$\mathfrak{m} - \mathfrak{x} = \mathfrak{z} = z^1 \mathfrak{e} + z^2 \xi$$

und erhalten dann aus der zweiten

$$(\mathfrak{z} \cdot \mathfrak{E}_k - \mathfrak{x}_k \mathfrak{E})\, \dot{u}^k = 0,$$

und wegen $\mathfrak{E}_k = (\mathfrak{e}_k \times \xi)^* + (\mathfrak{e} \times \xi_k)^*$:

$$[z^1 (\mathfrak{e} \times \mathfrak{e}_k \times \xi)^* + z^2 (\xi \times \mathfrak{e} \times \xi_k)^* - (\mathfrak{x}_k \times \mathfrak{e} \times \xi)^*]\, \dot{u}^k = 0,$$

$$(\mathfrak{e} \times \mathfrak{x}_i \times \xi)^* \cdot (z^1 \beta_k^i - z^2 c_k^i + \delta_k^i)\, \dot{u}^k = 0,$$

und weil die Vektoren $(\mathfrak{e} \times \mathfrak{x}_1 \times \xi)$ und $(\mathfrak{e} \times \mathfrak{x}_2 \times \xi)$ linear unabhängig sind,

$$(4') \qquad (z^1 \beta_k^i - z^2 c_k^i + \delta_k^i)\, \dot{u}^k = 0 \qquad (i = 1, 2).$$

Daraus ergeben sich für die z^i ähnliche Ausdrücke wie oben für die w^i. Trägt man gleich die Werte $\bar{c}_{11} = c_1^2 F$ usw. (s. S. 448) ein, so erhält man

$$z^1 = \frac{F^2}{\bar{\bar{H}}} \left(c_1^2 \dot{u}^1 \dot{u}^1 + (c_2^2 - c_1^1) \dot{u}^1 \dot{u}^2 - c_2^1 \dot{u}^2 \dot{u}^2\right),$$

$$z^2 = \frac{F^2}{\bar{\bar{H}}} \left(\beta_1^2 \dot{u}^1 \dot{u}^1 + (\beta_2^2 - \beta_1^1) \dot{u}^1 \dot{u}^2 - \beta_2^1 \dot{u}^2 \dot{u}^2\right).$$

Daraus ergibt sich beiläufig: Den Asymptotenlinien von $\bar{\mathfrak{x}}$ entsprechen die „Relativasymptotenlinien" von $\mathfrak{x}$; das ist nur eine andere Form des Ergebnisses von § 5, Nr. 3, S. 437.

Zum Vergleich der beiden Charakteristiken ist es zweckmäßig, aus den Gleichungen (4) bzw. (4′) die $\dot{u}^i$ zu entfernen. Man erhält unter Berücksichtigung von

$$\beta_1^1 + \beta_2^2 = c_1^1 + c_2^2 = \bar{c}_1^1 + \bar{c}_2^2 = 0$$

aus (4):

$$\begin{vmatrix} w^1 \bar{b}_{11} + w^2 \bar{c}_{11} - \bar{g}_{11}, & w^1 \bar{b}_{12} + w^2 \bar{c}_{12} - \bar{g}_{12} \\ w^1 \bar{b}_{21} + w^2 \bar{c}_{21} - \bar{g}_{21}, & w^1 \bar{b}_{22} + w^2 \bar{c}_{22} - \bar{g}_{22} \end{vmatrix} = 0,$$

$$\begin{aligned} &w^1 w^1 (\bar{b}_{11} \bar{b}_{22} - \bar{b}_{12} \bar{b}_{21}) + w^2 w^2 (\bar{c}_{11} \bar{c}_{22} - \bar{c}_{12} \bar{c}_{21}) \\ &+ w^1 w^2 (\bar{b}_{11} \bar{c}_{22} + \bar{c}_{11} \bar{b}_{22} - \bar{b}_{12} \bar{c}_{21} - \bar{c}_{12} \bar{b}_{21}) \\ &- w^1 \bar{g} (\bar{b}_1^1 + \bar{b}_2^2) + \bar{g} = 0, \end{aligned} \tag{5}$$

und aus (4′)

$$\begin{aligned} &z^1 z^1 (\beta_1^1 \beta_2^2 - \beta_1^2 \beta_2^1) + z^2 z^2 (c_1^1 c_2^2 - c_1^2 c_2^1) \\ &+ z^1 z^2 (\beta_1^1 c_2^2 + \beta_2^2 c_1^1 - \beta_1^2 c_2^1 - \beta_2^1 c_1^2) + 1 = 0. \end{aligned}$$

Mittels $\bar{c}_{11} = c_1^2 F$ usw. erhält man hieraus

$$\begin{aligned} &z^1 z^1 (\bar{b}_{11} \bar{b}_{22} - \bar{b}_{12} \bar{b}_{21}) + z^2 z^2 (\bar{c}_{11} \bar{c}_{22} - \bar{c}_{12} \bar{c}_{21}) \\ &+ z^1 z^2 (\bar{b}_{11} \bar{c}_{22} + \bar{b}_{22} \bar{c}_{11} - \bar{b}_{12} \bar{c}_{21} - \bar{b}_{21} \bar{c}_{12}) + F^2 = 0. \end{aligned} \tag{5'}$$

Wenn es sich jetzt um Minimalflächen, also um das Variationsproblem $F = \sqrt{\mathfrak{P}^2}$, handelt, so ist die gewöhnliche mittlere Krümmung $\bar{b}_1^1 + \bar{b}_2^2$ sozusagen zugleich mittlere Relativkrümmung und als solche gleich Null. Ferner ist in diesem Falle

$$F^2 = \mathfrak{P}^2 = (\bar{\mathfrak{x}}_1 \times \bar{\mathfrak{x}}_2)^2 = \bar{g},$$

also sind die beiden Gleichungen (5) und (5′) identisch, d. h. die beiden Charakteristiken kongruent, w. z. b. w.

IV.

§ 11.

Maßbestimmung.

Für den dreidimensionalen Fall haben Haar und Berwald, für den vierdimensionalen Koschmieder eine Maßbestimmung eingeführt, derart, daß

1. die Abbildung von $\mathfrak{x}$ auf $\bar{\mathfrak{x}}$ eine Verbiegung ist;

2. der Flächeninhalt der Maßbestimmung gleich dem Variationsintegral ist;

3. für Minimalflächen, d. h. $F = \sqrt{\mathfrak{P}^2}$, das gewöhnliche Bogenelement entsteht.

Wir übertragen die Maßbestimmung von Koschmieder in unsere Schreibweise und erreichen dadurch ihre Gültigkeit für Flächen im E_n sowie eine gewisse Vereinfachung des Beweises für 3. Wir setzen

$$\gamma_{ik} = \mathfrak{E}_i \mathfrak{Y}_k; \quad \| \gamma_{ik} \| = \gamma$$

(wegen $\mathfrak{E}_i \mathfrak{Y} = 0$ ist dann $\mathfrak{E}_k \mathfrak{Y}_i = - \mathfrak{E}_{ik} \mathfrak{Y} = \mathfrak{E}_i \mathfrak{Y}_k$) und definieren als Bogenelement

auf $\mathfrak{x}$: $$dS^2 = \frac{F(\mathfrak{P})}{\sqrt{\gamma}} \gamma_{ik} du^i du^k,$$

auf $\bar{\mathfrak{x}}$: $$d\bar{S}^2 = \frac{\bar{F}(\bar{\mathfrak{P}})}{\sqrt{\bar{\gamma}}} \bar{\gamma}_{ik} du^i du^k.$$

Daß die Abbildung von $\mathfrak{x}$ auf $\bar{\mathfrak{x}}$ eine Verbiegung ist, folgt ohne weiteres daraus, daß $\bar{F}(\bar{\mathfrak{P}}) = F(\mathfrak{P})$ ist.

Auch die zweite Eigenschaft ist leicht zu bestätigen: Setzt man

$$G_{ik} = \frac{F}{\sqrt{\gamma}} \gamma_{ik},$$

so wird

$$\iint \sqrt{G_{11} G_{22} - G_{12}^2}\, du^1 du^2 = \iint F\, du^1 du^2.$$

Die dritte Eigenschaft ergibt sich folgendermaßen: Ist $F = \sqrt{\mathfrak{P}^2}$, so ist $\mathfrak{E} = F_{\mathfrak{P}} = \frac{\mathfrak{P}}{F} = \mathfrak{Y}$; das Problem ist selbstadjungiert. Es ist dann

$$\mathfrak{E}_i = \frac{\mathfrak{P}_i \cdot F^2 - \mathfrak{P}(\mathfrak{P} \cdot \mathfrak{P}_i)}{F^3},$$

$$\gamma_{ik} = \mathfrak{E}_i \mathfrak{E}_k = \frac{(\mathfrak{P}_i \mathfrak{P}_k) \cdot F^2 - (\mathfrak{P} \mathfrak{P}_i)(\mathfrak{P} \mathfrak{P}_k)}{F^4}.$$

Führt man nun isotrope Parameter ein:

$$\mathfrak{x}_1^2 = \mathfrak{x}_2^2 = 0, \quad \mathfrak{x}_1 \mathfrak{x}_{11} = \mathfrak{x}_2 \mathfrak{x}_{22} = 0,$$

so erhält man auf bekannte Weise als Differentialgleichung der Minimalflächen

$$\mathfrak{x}_{12} = 0.$$

Dann ist

$$\mathfrak{P}^2 = (\mathfrak{x}_1 \times \mathfrak{x}_2)(\mathfrak{x}_1 \times \mathfrak{x}_2) = \begin{vmatrix} \mathfrak{x}_1^2, & \mathfrak{x}_1 \mathfrak{x}_2 \\ \mathfrak{x}_2 \mathfrak{x}_1, & \mathfrak{x}^2 \end{vmatrix} = -(\mathfrak{x}_1 \mathfrak{x}_2)^2,$$

$$\mathfrak{P}\mathfrak{P}_1 = -(\mathfrak{x}_1 \mathfrak{x}_2)(\mathfrak{x}_2 \mathfrak{x}_{11}); \quad \mathfrak{P}\mathfrak{P}_2 = -(\mathfrak{x}_1 \mathfrak{x}_2)(\mathfrak{x}_1 \mathfrak{x}_{22});$$

$$\mathfrak{P}_1\mathfrak{P}_1 = -(\mathfrak{x}_2 \mathfrak{x}_{11})^2; \quad \mathfrak{P}_1\mathfrak{P}_2 = -(\mathfrak{x}_1 \mathfrak{x}_2)(\mathfrak{x}_{11} \mathfrak{x}_{22}); \quad \mathfrak{P}_2\mathfrak{P}_2 = -(\mathfrak{x}_1 \mathfrak{x}_{22})^2.$$

Mit Benutzung dieser Werte erhält man $\gamma_{11} = \gamma_{22} = 0$, also

$$G_{11} = G_{22} = 0, \quad G_{12} = \frac{\sqrt{\mathfrak{P}^2}}{\sqrt{\gamma}} \gamma_{12} = \mathfrak{x}_1 \mathfrak{x}_2,$$

und das sind dieselben Werte wie die der g_{ik}.

Wählt man im allgemeinen Fall die Nullkurven der Maßbestimmung als Parameterkurven, so wird

$$\gamma_{11} = \mathfrak{E}_1 \mathfrak{Y}_1 = 0,$$

das ist

$$= - \mathfrak{E}_{11} \mathfrak{Y} = - \frac{1}{F} \mathfrak{E}_{11} \mathfrak{P},$$

und daraus folgt

$$\mathfrak{E}^*_{11} \times \mathfrak{P} = B_{11} = 0.$$

Das ist das Analogon zu der von Berwald festgestellten Tatsache, daß im dreidimensionalen Fall *den Nullkurven der Maßbestimmung die Asymptotenlinien von* $\mathfrak{E}^*$ *entsprechen.*

V. Die Legendresche Bedingung und die Krümmung von $\mathfrak{E}(u, v)$.

§ 12.

Die Legendresche Bedingung.

Wir beschränken uns auf den vierdimensionalen Fall. Wir schreiben

$$\frac{\partial F}{\partial P_{ik}} = F_{ik} = F_\lambda, \quad \begin{matrix} ik = & 12, & 13, & 14, & 23, & 42, & 34, \\ \lambda = & 1, & 2, & 3, & 4, & 5, & 6, \end{matrix}$$

$$\frac{\partial^2 F}{\partial P_\lambda \, \partial P_\mu} = F_{\lambda\mu}.$$

Die quadratische Form

(1) $$F_{\lambda\mu} X_\lambda X_\mu$$

verschwindet jedenfalls für $X_\lambda = P_\lambda$; denn aus

$$\mathfrak{P} \cdot F_{\mathfrak{P}} = P_\lambda F_\lambda = F$$

folgt durch Differenzieren nach P_μ

$$F_\mu + P_\lambda F_{\lambda\mu} = F_\mu.$$

Als Analogon der Legendreschen Bedingung bezeichnen wir hier die folgende: *Die quadratische Form* (1) *soll positiv semidefinit sein und nur für* $X_\lambda = P_\lambda$ *verschwinden.* Das besagt: Es muß

(2) $$- \begin{vmatrix} F_{\lambda\mu} & P_\lambda \\ P_\mu & 0 \end{vmatrix} > 0$$

sein, der Rang der Determinante $|F_{\lambda\mu}|$ gleich $n - 1 = 5$, und die Hauptunterdeterminanten von $|F_{\lambda\mu}|$ müssen positiv sein [11]).

Die Bedeutung dieser Bedingung für das Variationsproblem läßt sich so einsehen: Eine vorgelegte Extremalfläche $\mathfrak{x}(u, v)$ mit der Randkurve C

[11]) C. Carathéodory, Variationsrechnung und partielle Differentialgleichungen erster Ordnung. Teubner, Leipzig und Berlin 1935, § 199 und 252.

bette ich in ein Feld ein. Da F nur von $\mathfrak{P}$ abhängt, kann ich ein solches Feld durch Parallelverschiebung erhalten

$$\mathfrak{x}(u, v, a, b) = \mathfrak{x}(u, v, 0, 0) + a\,\mathfrak{a} + b\,\mathfrak{b}$$

mit konstanten Vektoren $\mathfrak{a}$, $\mathfrak{b}$, die voneinander und im allgemeinen von $\mathfrak{x}_u$, $\mathfrak{x}_v$, linear unabhängig, aber sonst beliebig gewählt seien. Eine Fläche $\mathfrak{y}$ erhalte ich indem ich

$$a = a(u, v), \quad b = b(u, v)$$

setze. Diese Funktionen seien so gewählt, daß die Fläche $\mathfrak{y}$ den Rand C hat. Die Tangentenebene von $\mathfrak{y}$ ist dann

$$\mathfrak{Q} = \mathfrak{y}_u \times \mathfrak{y}_v = (\mathfrak{x}_u \times \mathfrak{x}_v) + (\mathfrak{x}_u \times \mathfrak{a})\,a_v + (\mathfrak{x}_u \times \mathfrak{b})\,b_v - (\mathfrak{x}_v \times \mathfrak{a})\,a_u - (\mathfrak{x}_v \times \mathfrak{b})\,b_u.$$

Ich bilde nun das über die Fläche $\mathfrak{y}$ erstreckte Integral

$$U = \iint \mathfrak{Q} \cdot F_{\mathfrak{P}}(\mathfrak{P})\,du\,dv$$

und behaupte, daß es von der Wahl der Fläche $\mathfrak{y}$ unabhängig ist. ($\mathfrak{P}$ ist das Tangentenelement der durch den Flächenpunkt gehenden Extremalfläche.)

Wegen $\mathfrak{P} \cdot F_{\mathfrak{P}} = F$, $\mathfrak{x}_u F_{\mathfrak{P}} = -F_{\mathfrak{x}_v}$, $\mathfrak{x}_v F_{\mathfrak{P}} = F_{\mathfrak{x}_u}$ ist

$$\mathfrak{Q} \cdot F_{\mathfrak{P}} = F + \mathfrak{a}\,(a_u F_{\mathfrak{x}_u} + a_v F_{\mathfrak{x}_v}) + \mathfrak{b}\,(b_u F_{\mathfrak{x}_u} + b_v F_{\mathfrak{x}_v}).$$

Nun ist $\iint F(\mathfrak{P})\,du\,dv$ von der Wahl der Fläche $\mathfrak{y}$ unabhängig, weil $\mathfrak{P}(u, v, a, b) = \mathfrak{P}(u, v, 0, 0)$ ist. Ferner setze man

$$a \cdot F_{\mathfrak{x}_u} = R, \quad a \cdot F_{\mathfrak{x}_v} = S,$$

dann ist

$$a_u F_{\mathfrak{x}_u} + a_v F_{\mathfrak{x}_v} = R_u + S_v + a\left[\frac{\partial}{\partial u}(F_{\mathfrak{x}_u}) + \frac{\partial}{\partial v}(F_{\mathfrak{x}_v})\right];$$

die eckige Klammer verschwindet auf Grund der Eulerschen Differentialgleichungen, also läßt sich der zweite Summand von U in ein Randintegral umformen, und ebenso der dritte. Somit ist U von der Wahl der Fläche $\mathfrak{y}$ unabhängig, w. z. b. w.

Man setzt nun in üblicher Weise [12])

$$E(\mathfrak{P}, \mathfrak{Q}) = F(\mathfrak{Q}) - F(\mathfrak{P}) - (\mathfrak{Q} - \mathfrak{P}) \cdot F_{\mathfrak{P}}(\mathfrak{P})$$

und erhält aus

$$F(\mathfrak{Q}) = F(\mathfrak{P}) + (\mathfrak{Q} - \mathfrak{P}) \cdot F_{\mathfrak{P}}(\mathfrak{P}) + (Q_\lambda - P_\lambda)(Q_\mu - P_\mu) \cdot F_{\lambda\mu}(\mathfrak{P} + \vartheta(\mathfrak{Q} - \mathfrak{P}))$$
$$(0 \leqq \vartheta \leqq 1):$$

(3) $$E(\mathfrak{P}, \mathfrak{Q}) = (Q_\lambda - P_\lambda)(Q_\mu - P_\mu) \cdot F_{\lambda\mu}(\vartheta).$$

Wegen $F(\mathfrak{P}) = \mathfrak{P} \cdot F_{\mathfrak{P}}(\mathfrak{P})$ wird

$$\iint F(\mathfrak{Q})\,du\,dv = U + \iint E\,du\,dv.$$

[12]) Vgl O. Bolza, Vorlesungen über Variationsrechnung, Teubner, Leipzig, Berlin 1909, S. 110.

Für die in dieselbe Randkurve eingespannte Extremalfläche ist

$$\iint F(\mathfrak{P})\,du\,dv = \iint \mathfrak{P}\cdot F_{\mathfrak{P}}\,du\,dv = U;$$

also ist

$$(4)\qquad \iint F(\mathfrak{Q})\,du\,dv - \iint F(\mathfrak{P})\,du\,dv = \iint E\,du\,dv.$$

Aus (3) und (4) folgt: *Die Legendresche Bedingung ist hinreichend dafür, daß die vorgelegte Extremalfläche ein Minimum liefert.*

§ 13.

Die Krümmung der Figuratrix.

W. Blaschke [37] hat die Legendresche Bedingung mit der Krümmung der Figuratrix in Verbindung gebracht. Wir betrachten als Figuratrix die Fläche $F_{\mathfrak{P}} = \mathfrak{E}(u, v)$ im 6-dimensionalen Raum. Wegen

$$\mathfrak{E}_i\,\mathfrak{Y} = \frac{1}{F}\,\mathfrak{E}_i\,\mathfrak{P} = 0$$

ist $\mathfrak{P}$ Normalvektor dieser Fläche. Wir setzen noch

$$\mathfrak{T} = \frac{\mathfrak{P}}{\sqrt{\mathfrak{P}^2}}$$

und bezeichnen die drei weiteren zu $\mathfrak{E}_i$ senkrechten Richtungen durch die zueinander und zu $\mathfrak{T}$ orthogonalen Einheitsvektoren $\mathfrak{Z}^1$, $\mathfrak{Z}^2$, $\mathfrak{Z}^3$. Dann gelten längs der $\mathfrak{T}$-Krümmungslinien die Gleichungen

$$(4)\qquad \dot{\mathfrak{T}} = \frac{1}{R}\,\dot{\mathfrak{E}} + k_1\,\mathfrak{Z}^1 + k_2\,\mathfrak{Z}^2 + k_3\,\mathfrak{Z}^3 + m\,\mathfrak{T}.$$

Wegen

$$\dot{\mathfrak{E}} = \dot{F}_{\mathfrak{P}} = \{F_{\lambda\mu}\,\dot{P}_\mu\}$$

und

$$\dot{\mathfrak{T}} = \frac{\dot{\mathfrak{P}}}{\sqrt{\mathfrak{P}^2}} - \frac{\mathfrak{P}\,\dot{\mathfrak{P}}}{(\sqrt{\mathfrak{P}^2})^3}\cdot\mathfrak{P}$$

und

$$F_{\lambda\mu}P_\mu = 0$$

wird aus (4), in Komponenten geschrieben,

$$\dot{T}_\lambda - \frac{\sqrt{\mathfrak{P}^2}}{R}\,F_{\lambda\mu}\,\dot{T}_\mu - k_1\,Z^1_\lambda - k_2\,Z^2_\lambda - k_3\,Z^3_\lambda - m\,T_\lambda = 0,$$

oder, wenn noch $\sqrt{\mathfrak{P}^2}$ in $F_{\lambda\mu}$ hineingezogen gedacht wird,

$$(R\,\delta_{\lambda\mu} - F_{\lambda\mu})\,\dot{T}_\mu - R\cdot k_1\,Z^1_\lambda - R\cdot k_2\,Z^2_\lambda - R\cdot k_3\,Z^3_\lambda - R\cdot m\,T_\lambda = 0.$$

Hierzu kommen die Gleichungen

$$\dot{T}_u\,Z^i_u - k_i = 0,$$
$$\dot{T}_u\,T_u = 0.$$

R erhält man durch Elimination von $\dot{T}_\mu$, k_i, m aus diesen Gleichungen. Das ergibt für R die folgende Gleichung:

$$(5)\quad 0 = \begin{vmatrix} R-F_{11}, & -F_{12}, & -F_{13}, & -F_{14}, & -F_{15}, & -F_{16}, & T_1, & RZ_1^1, & RZ_1^2, & RZ_1^3 \\ -F_{21}, & R-F_{22}, & -F_{23}, & -F_{24}, & -F_{25}, & -F_{26}, & T_2, & RZ_2^1, & RZ_2^2, & RZ_2^3 \\ -F_{31}, & -F_{32}, & R-F_{33}, & -F_{34}, & -F_{35}, & -F_{36}, & T_3, & RZ_3^1, & RZ_3^2, & RZ_3^3 \\ -F_{41}, & -F_{42}, & -F_{43}, & R-F_{44}, & -F_{45}, & -F_{46}, & T_4, & RZ_4^1, & RZ_4^2, & RZ_4^3 \\ -F_{51}, & -F_{52}, & -F_{53}, & -F_{54}, & R-F_{55}, & -F_{56}, & T_5, & RZ_5^1, & RZ_5^2, & RZ_5^3 \\ -F_{61}, & -F_{62}, & -F_{63}, & -F_{64}, & -F_{65}, & R-F_{66}, & T_6, & RZ_6^1, & RZ_6^2, & RZ_6^3 \\ T_1, & T_2, & T_3, & T_4, & T_5, & T_6, & 0, & 0, & 0, & 0 \\ Z_1^1, & Z_2^1, & Z_3^1, & Z_4^1, & Z_5^1, & Z_6^1, & 0, & 1, & 0, & 0 \\ Z_1^2, & Z_2^2, & Z_3^2, & Z_4^2, & Z_5^2, & Z_6^2 & 0, & 0, & 1, & 0 \\ Z_1^3, & Z_2^3, & Z_3^3, & Z_4^3, & Z_5^3, & Z_6^3, & 0, & 0, & 0, & 1 \end{vmatrix}.$$

Denkt man sich diese Determinante nach den ersten 7 Zeilen entwickelt, so sieht man, daß das von R freie Glied

$$K = -\begin{vmatrix} F_{\lambda\mu} & T_\lambda \\ T_\mu & 0 \end{vmatrix}$$

ist. Das Produkt der $\mathfrak{T}$-Krümmungsradien ist der Quotient aus K und dem Koeffizienten der höchsten Potenz von R. Wir haben noch zu zeigen, daß dieser positiv ist. Dann ist die Bedingung (2) als gleichwertig mit positiver $\mathfrak{T}$-Krümmung der Figuratrix erkannt.

Zu diesem Zweck subtrahieren wir in (5) die mit Z_1^1 multiplizierte erste Spalte, die mit Z_2^1 multiplizierte zweite Spalte usw. von der achten Spalte und verfahren entsprechend mit der neunten und zehnten Spalte. So erhalten wir

$$\begin{vmatrix} & & T_1, & F_{1\mu}Z_\mu^1, & F_{1\mu}Z_\mu^2, & F_{1\mu}Z_\mu^3 \\ R\delta_{\lambda\mu} - F_{\lambda\mu} & & \cdot & \cdot & \cdot & \cdot \\ & & T_6, & F_{6\mu}Z_\mu^1, & F_{6\mu}Z_\mu^2, & F_{6\mu}Z_\mu^3 \\ T_1, \ldots, & T_6, & 0, & 0, & 0, & 0 \\ Z_1^1, \ldots, & Z_6^1, & 0, & 0, & 0, & 0 \\ Z_1^2, \ldots, & Z_6^2, & 0, & 0, & 0, & 0 \\ Z_1^3, \ldots, & Z_6^3, & 0, & 0, & 0, & 0 \end{vmatrix} = 0.$$

Diese Form zeigt, daß (5) eine quadratische Gleichung für R ist. Wähle ich nun das Koordinatensystem so, daß die 3., 4., 5., 6. Achse in $\mathfrak{T}$, $\mathfrak{Z}^1$, $\mathfrak{Z}^2$, $\mathfrak{Z}^3$ fallen, so bleibt bei Entwicklung nach den ersten sechs Zeilen nur übrig

$$\begin{vmatrix} R-F_{11}, & -F_{12}, & 0, & F_{14}, & F_{15}, & F_{16} \\ -F_{21}, & R-F_{22}, & 0, & F_{24}, & F_{25}, & F_{26} \\ -F_{31}, & -F_{32}, & 1, & F_{34}, & F_{35}, & F_{36} \\ -F_{41}, & -F_{42}, & 0, & F_{44}, & F_{45}, & F_{46} \\ -F_{51}, & -F_{52}, & 0, & F_{54}, & F_{55}, & F_{56} \\ -F_{61}, & -F_{62}, & 0, & F_{64}, & F_{65}, & F_{66} \end{vmatrix} = 0.$$

Der Faktor von R^2 ist also

$$\begin{vmatrix} F_{44}, & F_{45}, & F_{46} \\ F_{54}, & F_{55}, & F_{56} \\ F_{64}, & F_{65}, & F_{66} \end{vmatrix} > 0,$$

da alle Hauptunterdeterminanten von $\|F\|$ positiv sein sollten. Damit ist gezeigt: *Wenn für unser Variationsproblem die Legendresche Bedingung erfüllt ist, ist die Gausssche Relativkrümmung der Figuratrix $\mathfrak{E}$ bezüglich $\mathfrak{T}$ positiv.*

Literatur.

I. Die vorliegende Arbeit baut unmittelbar auf folgenden Arbeiten auf:

[1] A. Haar, Über adjungierte Variationsprobleme und adjungierte Extremalflächen. Math. Annalen **100** (1928), S. 481.

[2] L. Berwald, Über adjungierte Variationsprobleme und adjungierte Extremalflächen. Monatsh. f. Math. u. Phys. **38** (1931), S. 89.

[3] W. Süss, Zur relativen Differentialgeometrie. I. Jap. Journ. of Math. **4** (1927), S. 57; IV. Tôh. Math. Journ. **29** (1928), S. 359.

[4] L. Koschmieder, Adjungierte Extremalflächen im vierstufigen Raum. Math. Zeitschr. **41** (1936), S. 43.

II. Zur Grassmannschen Ausdehnungslehre:

[5] H. Grassmann, Ausdehnungslehre, Berlin 1862.

[6] A. Lotze, Die Grassmannsche Ausdehnungslehre. Enzykl. III AB 11, III, S. 1426.

[7] G. N. Lewis, On four-dimensional vector analysis and its applications in electrical theory. Proc. of the Amer. Acad. of Arts and Sciences **46** (1910), S. 165.

[8] E. Jahnke, Zur Theorie der vierdimensionalen Vektoren und Dyaden. Arch. d. Math. u. Phys. **26** (1917), S. 23.

[9] R. Mehmke, Vorlesungen über Punkt- und Vektorenrechnung I, 1, 1913.

[10] H. Barton, A modern presentation of Grassmann's Tensor Analysis. Amer. Journ. of Math. **49** (1927), S. 598.

[11] R. König, E. Peschl und K. H. Weise, Axiomatischer Aufbau der Operationen im Tensorraum. Ber. d. Sächs. Akad. Leipzig, math.-naturw. Klasse. I. Bd. **86** (1934), S. 129; II. Bd. **86** (1934), S. 267; III. Bd. **86** (1934), S. 383; IV. Bd. **87** (1934), S. 223.

III. Mehrdimensionale Differentialgeometrie:

a) Zusammenfassende Darstellungen.

[12] L. Berwald, Riemannsche Mannigfaltigkeiten und ihre Verallgemeinerung. Enzykl. III, D, 11, B.

[13] L. P. Eisenhart, Riemannian Geometry. Princeton 1926.

[14] A. R. Forsyth, Geometry of four dimensions. Cambr. 1930.

[15] D. J. Struik, Grundzüge der mehrdimensionalen Differentialgeometrie in direkter Darstellung. Berlin, Jul. Springer, 1922.

[16] J. A. Schouten, Der Ricci-Kalkul. Berlin, Jul. Springer, 1924.

b) Flächen im n-dimensionalen Raum.

[17] A. Voss, Zur Theorie der Transformation quadratischer Differentialausdrücke und der Krümmung höherer Mannigfaltigkeiten. Math. Annalen **16** (1880), S. 129.

[18] K. Kommerell, Die Krümmung der zweidimensionalen Gebilde im ebenen Raum von vier Dimensionen. Diss. Tübingen 1897.

[19] K. Kommerell, Riemannsche Flächen im ebenen Raum von vier Dimensionen. Math. Annalen **60** (1905), S. 548.

[20] E. B. Wilson und C. L. E. Moore, A general theory of surfaces. Proc. Nat. Ac. of Sci. USA. **2** (1916), S. 273. Differential Geometry of two-dimensional surfaces in hyperspace. Proc. Amer. Ac. of Arts and Sciences **52** (1917), S. 267.

[21] J. A. Schouten und D. J. Struik, Über Krümmungseigenschaften einer m-dimensionalen Mannigfaltigkeit, die in einer n-dimensionalen Mannigfaltigkeit mit beliebiger quadratischer Maßbestimmung eingebettet ist. Palermo Rend. **46** (1922), S. 165 (besonders § 10 und 11).

[22] H. Weyl, Zur Infinitesimalgeometrie: p dimensionale Fläche im n dimensionalen Raum. Math. Zeitschr. **12** (1922), S. 154.

[23] A. Tonolo, Fondamenti di geometria metrica delle superficie dello spazio lineare a cinque dimensioni. Palermo Rend. **53** (1929), S. 437. Studi di geometria delle superficie dello spazio lineare a quattro dimensioni. Ebenda **54** (1930), S. 150.

[24] K. Brauner, Über Mannigfaltigkeiten, deren Tangentialmannigfaltigkeiten ausgeartet sind. Monatsh. f. Math. u. Phys. **46** (1938), S. 335. Über eine Krümmungseigenschaft von Mannigfaltigkeiten der Klasse Eins. S.-B. Akad. Wiss. Wien IIa, **146** (1937), S. 557.

c) Netze, Asymptotenlinien, abwickelbare Flächen.

[25] C. Segre, Su una classe di superficie degli iperspazi legata colle equazioni lineari alle derivate parziali di 2⁰ ordine. Atti R. Acad. Torino **42** (1907), S. 1047.

[26] C. Segre, Preliminari di una teorie delle varietà luoghi di spazi. Pal. Rend. **30** (1910), S. 87.

[27] E. Bompiani, Sopra alcune estensioni dei teoremi di Meusnier e di Eulero. Atti Torino **48** (1912/13), S. 393.

[28] E. Bompiani, Alcune proprietà projettivo-differenziali di rette negli iperspazio. Pal. Rend. **37** (1913), S. 305.

[29] A. Terracini, Sulle V_k che rappresentano più di $\frac{k(k-1)}{2}$ equazioni di Laplace linearmente independenti. Pal. Rend. **33** (1912), S. 176.

[30] A. Terracini, Sulle varieta di spazi con carattere di sviluppabili. Atti Torino **48**, (1912/13) S. 411.

[31] A. Terracini, Superficie particolari dello spazio a cinque dimensioni in relatione con le loro linee principale. Annali di Matematica (4) **17** (1938), S. 23.

[32] L. P. Eisenhart, Transformations of surfaces. Princeton 1923.

[33] E. P. Lane, Projective Differential Geometry of Curves and Surfaces. Chicago 1932.

[34] Cl. Guichard, Théorie des Réseaux. Mem. des sciences math., Nr. 74, 77. Paris 1935.

d) Minimalflächen.

[35] L. P. Eisenhart, Minimal Surfaces in Euclidean Four-Space. Amer. Journ. of Math. **34** (1912), S. 215.

[36] C. L. E. Moore, Note on Minimal Varietys in Hyperspace. Bull. Amer. Math. Soc. **27** (1921), S. 211.

IV. Zur Variationsrechnung:

[37] W. Blaschke, Über die Figuratrix in der Variationsrechnung. Arch. f. Math. u. Phys. III, **20** (1913), S. 28.

[38] C. Carathéodory, Über die Variationsrechnung bei mehrfachen Integralen. Acta Litt. ac Sci. Szeged **4** (1928), S. 193.

[39] H. Boerner, Über die Extremalen und geodätischen Felder in der Variationsrechnung der mehrfachen Integrale. Math. Annalen **112** (1936), S. 187.

Zusatz bei der Druckprobe: Inzwischen erhalte ich Kenntnis von einer Arbeit von N. Sakellariou, Zur Variationsrechnung, Monatsh. f. Math. u. Phys. 48, (1939), S. 314, deren Inhalt sich etwa mit dem Inhalt des Abschnitts I des 3. Kapitels der vorliegenden Arbeit deckt. — November 1939.

(Eingegangen am 9. Oktober 1939.)

MIX
Papier aus verantwortungsvollen Quellen
Paper from responsible sources
FSC® C105338

If you have any concerns about our products,
you can contact us on
ProductSafety@springernature.com

In case Publisher is established outside the EU,
the EU authorized representative is:
Springer Nature Customer Service Center GmbH
Europaplatz 3, 69115 Heidelberg, Germany

Printed by Libri Plureos GmbH
in Hamburg, Germany